U0155724

孩子这么吃，
长得高，变聪明

[日]细川桃，[日]宇野薰 著

谢迟 译

江西科学技术出版社

2020年·南昌

图书在版编目（ＣＩＰ）数据

孩子这么吃，长得高，变聪明 / (日) 细川桃, (日)
宇野薰著；谢迟译. -- 南昌 : 江西科学技术出版社,
2020.6
ISBN 978-7-5390-7305-7

Ⅰ.①孩… Ⅱ.①细… ②宇… ③谢… Ⅲ.①儿童—
保健—食谱 Ⅳ.①TS972.162

中国版本图书馆CIP数据核字(2020)第070431号

国际互联网（Internet）地址：http://www.jxkjcbs.com
选题序号：KX2020057　图书代码：B20100-101
版权登记号：14-2020-0112
责任编辑 魏栋伟
项目创意/设计制作 快读慢活
特约编辑 周晓晗　王瑶
纠错热线 010-84775016

成功する子は食べ物が9割
© SHUFUNOTOMO CO., LTD. 2017
Originally published in Japan by Shufunotomo Co., Ltd
Translation rights arranged with Shufunotomo Co., Ltd.
Through FORTUNA Co., Ltd.

孩子这么吃，长得高，变聪明　(日) 细川桃，(日) 宇野薰　著
谢迟　译

出版发行	江西科学技术出版社	
社　　址	南昌市蓼洲街2号附1号　邮编 330009	
	电话:(0791) 86623491　86639342(传真)	
印　　刷	天津联城印刷有限公司	
经　　销	各地新华书店	
开　　本	880mm×1230mm　1/32	
印　　张	5.5	
字　　数	120千字	
版　　次	2020年6月第1版　2020年6月第1次印刷	
书　　号	ISBN 978-7-5390-7305-7	
定　　价	48.00元	

赣版权登字-03-2020-119　　版权所有 侵权必究
(赣科版图书凡属印装错误，可向承印厂调换)

前言

你是不是在超市一直买相同的食材？

食谱（尤其是早餐食谱）一成不变？

全家人都爱吃甜食，欲罢不能？

你总是觉得，"太忙了，没办法，就这样吧，应该也不会有什么问题……"

看似没有太大的问题，但长此以往，说不定会带来意想不到的结果！

孩子们的健康状况正在逐年恶化。

不是太瘦就是过胖，生活习惯病患者也在与日俱增。

睡眠时间越来越少，运动量也跟不上，造成一部分孩子生长发育缓慢，身体总是出现这样那样的小毛病。

在针对日本中小学生进行的"预防小儿生活习惯病健康诊断"中发现，40% 的孩子的血糖、胆固醇处在临界值[①]。

虽然血液检查结果让我们震惊，可很多家长依然抱着"看起来不胖，应该没问题"的心态。

注：①不同地区的调查结果会有所不同。

孩子的健康成长，离不开妈妈做的健康食物。

即使满足了孩子每天应摄入的热量，也保证了每天摄入的食物量，却没有给孩子吃有营养的食物，那孩子照样无法健康成长。

营养摄入不足，孩子就没有学习的动力，注意力也不能集中！

孩子只有在食物中获得"能量"之后，才有精力去学习、奋斗。

对于每日繁忙的妈妈们而言，做饭真的是一件令人头疼的事。

但是，从长远角度来看，孩子的生长发育只有短短的十几年。作为家长，是忽略这几年的投入，让孩子吃得不健康，还是多下一番功夫，为孩子将来一生的健康打好基础呢？

孩子未来的成功，取决于健康的身体、营养的饮食。

在本书中，我们将母婴营养研究、小学生饮食调查，以及众多的咨询指导案例中获得的经验归纳总结，毫无保留地传授给妈妈们。

预防医学顾问
细川桃
(MOMO)

营养管理师
宇野薰
(UNO)

预防医学顾问·细川桃
营养管理师·宇野薰

给孩子补充身体真正需要的营养

工作繁忙在所难免！

不过，我们还是可以家庭、事业都兼顾！

细川桃：周围很多妈妈都会说自己工作忙没时间，因此做出来的菜很单一。"下班回家后疲惫不堪→不知道要做些什么菜，思考本身也让人痛苦→然后就又做了和平时同样的菜"，如此反复。是时候做出一些改变了！

宇野薰：实际上我也有过上述经历。如果等下班回到家再思考今晚吃什么，孩子恐怕早就饿得前胸贴后背了！所以我们一定要提前准备好后一周的食材。

细川桃：最需要花工夫的是主菜，所以我会在冰箱里贮藏一些做鸡肉盖饭的鸡腿肉、切好的豆腐块、干的鱼虾贝类、炖菜用的酱料等食材。提前准备一些做鸡肉丸的肉馅冷冻在冰箱里，遇到时间仓促的时候，可以直接拿出来和小松菜一起做个"小松菜鸡肉丸子汤"，或者加点酱汁放在锅里热一热，直接做个鸡肉丸也可以。蔬菜只要简单切一下，怎么做都行！

宇野薰：提前将食材准备好放在冰箱，做饭的时候就会轻松很多。蚬贝、蛤蜊搭配汤汁就是一道菜！各种菌菇混合在一起就可以做个菌菇什锦饭，或者用铝箔纸包着烤一下，又是一道菜！

细川桃：温泉蛋也是百搭食材。只要放在面条、盖浇饭、沙拉上就可以。

宇野薰：很多人跟我说，他们不希望买太多的食材放在家里，容易发霉变质。其实大家除了可以将食材冷冻，还可以使用像鸡蛋、纳豆这些保质期较长的食材，或者尝试快递配送上门，网上购物等。

细川桃：妈妈们保持身体健康，才有精力为家人精心准备饭菜，所以希望每位妈妈都好好吃饭！我们一边工作一边带小孩，虽然睡眠不足是常有的事，但因为吃得好，精神还是不错的。

一直吃得不好，二十年后再后悔，就没法弥补了

细川桃：妈妈们虽然知道自己做的菜营养不均衡，但却没有意识到，这其实等同于在给孩子吃对身体不好的食物。

宇野薰：没错，这正是问题所在！很多妈妈告诉我们，她们在一些演讲会上听说摄入食物中的盐、糖、反式脂肪酸等对孩子的健康有害，这个信息令她们大为吃惊。她们原本以为只要是吃的东西，就会对身体有益。

细川桃：妈妈们每天忙碌奔波，也许不会想到孩子们"当下"吃的食物对他们"未来"的影响。然而，当下才是孩子未来成长的基石。真正长大之后，就再也回不去了。

宇野薰：到了那个时候再后悔，痛呼"要是当初为孩子做健康、有营养的食物就好了"，恐怕就来不及了！

细川桃：父母给孩子报各种补习班，是对孩子的一种投资，是希望孩子能够变得更优秀。但在这里，我想说的是——如果是花同样的金钱与时间，最大的投资其实是让孩子吃得好，吃得有营养！

宇野薰：战争时期，孩子们到处颠沛流离，居无定所，身体营养严重失调，身高总体下降了将近6厘米！不过现在的孩子同样面临个子长不高的问题。我们在一项针对小学生的饮食调查中发现，无论男生还是女生，都出现了热量摄入不足的情况。饮食对于身体的作用缓慢而不明显，因而容易被忽略，但对于成长期的孩子来说，健康、有营养的饮食尤为重要。

细川桃：如今我们生活在一个物资富足的年代，孩子的身体健康与否取决于"家长的选择"。给孩子挑选有益于身体发育的健康、有营养的食物，孩子才会长得高，变聪明，长大以后才能获得更好的发展。对于家长来说，这或许是一项艰巨而重大的任务，但若20年后再回头看，会发现付出的一切都值得！

目录

Part1 身体是由所吃的食物构成的！

Part2 每日的标准摄入量，孩子达标了吗？

Part3 偏食、口味重、胃口小、胃口大，该怎么办？

关于分量与烹饪：

● 食材的分量一般为4人份，或者是容易制作的分量。

● 小匙 =5ml、大匙 =15ml、1 杯 =200ml、1 米杯 =180ml。

● 关于蔬菜类，书中说明的步骤都是从洗好之后开始。有些时候也会省略去皮、去根等步骤。

● 在用到配菜或根据个人喜好添加蔬菜时，清单中有时也会略去这些蔬菜。

● 书中若没有详细写明火候大小，一律以"中火"烹饪。

● 微波炉的加热时间，都以 600W 功率的微波炉为基准（假如家中微波炉为 500W，请将时间调整至 1.2 倍）。烤箱的加热时间，都以 1000W 功率的为准。由于机器种类、食材中的水分含量各有不同，加热所需时间会存在差异，请根据实际情况做微调。

关于膳食的标准摄入量：

● 本书参考了"女子营养大学四群点数法"。

● 本书提供的皆为标准摄入量，请根据孩子的体格和食量做调整。

● 因喝牛奶而肠胃不适（乳糖不耐受）的孩子，推荐将牛奶换成酸奶，因为其中的乳糖已经分解。

● 如果孩子有对某种食物过敏，请选择与该食物营养相近且不会引起过敏的其他食物代替，保证孩子营养均衡。

Part1

身体是
由所吃的食物
构成的！

家里有正在长身体的孩子的家长们，
希望这里介绍的有关食物的内容，你能铭记于心。
遵循这25条饮食法则，让你20年后不后悔！

"脑神经"在6岁之前完成90%的发育

年龄不同，身体各部位的发育速度也不同

当我们说小孩子长大了，往往只关心身高、体重这些外观状态。然而实际上，身体内部生长才是最重要的。通过摄取营养，孩子的内脏、肌肉、骨骼、血管、皮肤等得以生长，大脑也在一点点地发育。

身为父母尤其需要明白，在整个孩童时期，身体的每一个部位并不是以相同的速度生长的。相比于其他年龄段，大脑、脊髓等神经系统的发育主要在"幼儿期"，骨骼、生殖器则在"青春期"的发育速度最快。

0~6 岁是大脑发育的最高峰

孩子从出生到6岁，爆发性生长的部位是"大脑"。在婴儿的大脑中，已具有与成人数量相同的神经细胞，只是它们的运作尚未成熟。这是因为神经细胞之间的连接还未完全建立。五官在受到外界的各种刺激后，名为"突触"的连接部位会得到发展，于是神经细胞彼此相连，最终形成神经回路。

关键时期

当孩子长到 6 岁，大脑神经回路的 90% 就已经形成，与此同时，大脑的重量也在不断增加。新生儿时期，大脑重 350~400g，到 3 岁时约为 1000g，4~6 岁达到 1200~1500g，相当于成人大脑重量的 95%！人们口中所说的"大脑聪慧""运动细胞发达"，都是大脑回路得到充分发展的结果。

请妈妈们一定要好好把握孩子大脑发育的这个关键时期，通过每日的膳食，给大脑补充有助脑部发育、加快脑部运作的食物。

除此之外，通过运动来刺激大脑、保证睡眠来巩固记忆等，也同样很重要。要是整天不出门，窝在家里吃零食，或者玩游戏玩到通宵的话，将来则不太可能拥有"聪慧的大脑""健康的体魄"。

读到这里，一定有一些宝爸宝妈坐不住了，可能会惊呼："啊！我家孩子已经超过 6 岁了！"大家不用担心。就算过了 6 岁，或者无论孩子多大，大脑也还在缓慢地发展。我们需要做的就是让孩子从今天开始养成习惯，食用有助大脑发育的食物。

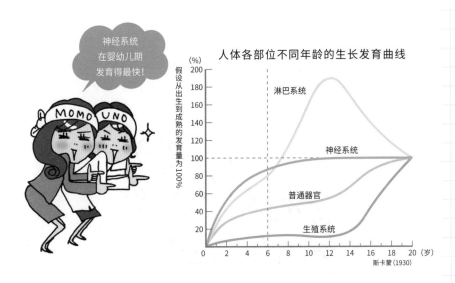

神经系统在婴幼儿期发育得最快！

人体各部位不同年龄的生长发育曲线

淋巴系统
神经系统
普通器官
生殖系统

假设从出生到成熟的发育量为 100%

斯卡蒙 (1930)

吃法档案

02

有助大脑、身体发育的
五大关键词

处于生长发育的孩子，如果和大人吃得一样，就会营养不足

比方说，如果给一个体重 15kg 的小孩，吃体重 45kg 的母亲的食物量的三分之一，是不是够了呢？答案是否定的。与已经发育成熟的成人不同，生长发育中的小孩为了长身体，需要充分的营养。由于此时新陈代谢极为旺盛，孩子们需要比成年人更多的能量（通过食物摄取的热量）。

如果按照体重 1kg 来计算，相比于成人，孩子需要约成人 2 倍的能量，1.5 倍的蛋白质，2~3 倍的铁和钙。

> 孩子的新陈代谢非常旺盛，每 1kg 体重的基础代谢（人体维持生命所需要的最低能量）也要比成年人高！

希望孩子长得更高，一定要注意营养的摄入。促进骨骼生长的 IGF-1 生长因子数量与蛋白质和热量的摄入量成正比。因此，如果摄取的食物营养不足，孩子就长不高。

准备食物时，牢记五大关键词

只要孩子一喊饿，有些家长首先想到的就是先填饱孩子的肚子再说。但是，就算肚子填饱了，如果没有摄入帮助孩子生长发育的营养元素，身体照样长不好。

请记住孩子生长发育中五个有助脑部和身体发育的关键词——促进肌肉生长的"蛋白质"、促进骨骼生长的"钙"、有助大脑发育的"DHA"、具有补血功能的"铁"和调整肠道功能的"发酵食品"。

下方图片中的食材，请妈妈们牢记心中，同时也应该储存在冰箱里，并记得每天都给孩子吃。

当然，每天只食用以下五种食材，对于正在长身体的孩子来说还是不够的，因为食物搭配不均衡，会不利于营养的吸收，这在之后的章节里我会详细说明。这里只需要大家有个粗略的概念，知道吃什么食材，有助于孩子哪个身体部位的发育。

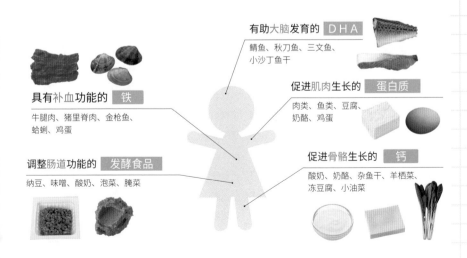

有助大脑发育的 DHA

鲭鱼、秋刀鱼、三文鱼、小沙丁鱼干

具有补血功能的 铁

牛腿肉、猪里脊肉、金枪鱼、蛤蜊、鸡蛋

促进肌肉生长的 蛋白质

肉类、鱼类、豆腐、奶酪、鸡蛋

调整肠道功能的 发酵食品

纳豆、味噌、酸奶、泡菜、腌菜

促进骨骼生长的 钙

酸奶、奶酪、杂鱼干、羊栖菜、冻豆腐、小油菜

03 必需氨基酸决定人体肌肉的合成

必须从食物中摄取的 9 种必需氨基酸

构成人体的蛋白质由 20 种不同的氨基酸组合而成。

包括人类在内，所有生物体中的蛋白质仅需 20 种氨基酸就能组合而成。其中，有 9 种氨基酸是人体自身不能合成的，我们称之为"必需氨基酸"，需要每日从食物中补充。

衡量蛋白质优劣的标准，是必需氨基酸的含量（氨基酸分值）。9 种氨基酸含量全部达到标准值及以上，氨基酸分值就是满分 100 分。但是，假如其中有一种氨基酸的含量在标准值以下，那么机体对该蛋白质的利用率就会降低。

我们可以把氨基酸比作制作木桶的板子。打个比方，假设鸡蛋中的蛋白质分值为 100 分，那木桶里可以装满水。而如果小麦蛋白中的

9种必需氨基酸

1. 异亮氨酸
2. 亮氨酸
3. 赖氨酸
4. 甲硫氨酸
5. 苯丙氨酸
6. 苏氨酸
7. 色氨酸
8. 缬氨酸
9. 组氨酸

赖氨酸含量只有 29%，木桶就只能装下 29% 的水。这样一来，只有 29% 的蛋白质能被机体利用。也就是说，如果氨基酸分值低，肌肉就难以合成。

孩子对蛋白质的需求量是成人的 1.5 倍

处于生长发育期的小孩，需要摄入的蛋白质量相当于成人的 1.5 倍。那么应该如何做，才能让孩子高效补充蛋白质呢？首先，请选择氨基酸分值高的优质蛋白质，如蛋类、酸奶、肉类（牛肉、鸡肉、猪肉）、鱼类，都是氨基酸分值为满分的优质蛋白。

其次，饮食丰富多样化，就能补充体内缺失的氨基酸，有效防止氨基酸的短板效应。例如，大米的氨基酸分值只有 65 分，但由于大豆中含有大量大米中缺乏的赖氨酸，只要将两者结合，制作"纳豆米饭"，氨基酸分值就是满分！这就是为什么日料中会有黄金食材搭档的道理所在。对于早餐主食为面包（小麦）的家庭，我们推荐搭配氨基酸分值100 分的鸡蛋或酸奶一起食用。

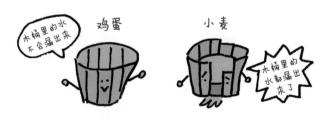

氨基酸分值100分的食材

| 鸡蛋 | 酸奶 | 鱼肉 | 鸡肉 | 猪肉 | 牛肉 |

把普通牛肉饼变身为"健脑饼"

牛肉饼是比较常见的富含蛋白质的菜肴。

可是，在牛肉猪肉合绞而成的肉馅里，

脂肪含量比较多，

为了减少脂肪摄入，增加蛋白质，

可以放入豆腐和鱼肉，

就能做出有益大脑发育的健康肉饼了。

\ 变换蛋白质 /

猪肉糜 ➕ 鲭鱼罐头

肉类中的蛋白质&铁元素，搭配鱼肉中的DHA!

番茄汁鲭鱼饼

材料（4人份）
Ⓐ 水煮鲭鱼罐头……1罐（190g）
　　猪肉糜……200g
　　面包粉……3大匙
　　淀粉……1大匙
　　咖喱粉……1小匙
蘑菇……1袋
橄榄油……1大匙
Ⓑ 番茄汁……1杯
　　浓缩高汤颗粒（无添加）……1小匙

制作方法
1. 取一只碗，倒入Ⓐ搅拌均匀，分成4等份，揉成椭圆形肉饼。
2. 蘑菇切成薄片。
3. 平底煎锅中倒入橄榄油，加热后放入揉好的肉饼，中火加热至两面都呈好看的焦黄色，起锅备用。
4. 在平底煎锅中倒入切好的蘑菇翻炒，随后加入Ⓑ煮沸。重新将肉饼放入锅中煮5~6分钟。关火把菜肴盛入餐盘中，根据个人喜好，添加沥干乳清的酸奶。最后撒上香芹碎末即可。

用咖喱粉
掩盖鱼腥味

营养 UP 的要点

鲭鱼很快就不新鲜了，如果选用鲭鱼罐头，就可以做出不同花样的富含DHA的菜品，促进孩子的大脑发育。用油脂少的猪里脊肉做猪肉糜，无论是蛋白质含量还是铁含量都更高。

鸡肉糜 ✚ 豆腐

豆腐&樱花虾组合,营养满满!

和风肉饼

材料（4人份）

Ⓐ 鸡胸肉……200g
北豆腐……200g
樱花虾……1大匙
味噌、蜂蜜、淀粉……各1大匙

灯笼椒……2~3个

Ⓑ 蜂蜜、酱油……各1大匙
水……1/4杯

Ⓒ 淀粉……1小匙
水……2大匙

制作方法

1. 取一个碗,倒入Ⓐ搅拌均匀,分成4等份。
2. 将灯笼椒切成4瓣（剔除较硬的蒂,种子具有营养可以保留）,同时混合Ⓑ。
3. 在手上抹少许芝麻油,将1揉成椭圆形,放入中火加热的平底锅中。在肉饼旁边放上灯笼椒。盖上锅盖煎3~4分钟后,将肉饼翻身,再煎1~2分钟。倒入Ⓑ煮1~2分钟,将肉饼和灯笼椒盛到餐盘内。
4. 一边搅拌一边将Ⓒ倒入3的平底锅中,最后在肉饼上淋上勾芡汁。

相比全肉肉饼，这
款肉饼口感更好

营养 UP 的要点

鸡肉的脂肪含量低，蛋白质含量高（鸡胸肉
的脂肪含量最少！）。豆腐含有大量对大脑
有益的卵磷脂。另外，樱花虾可以强化钙的
吸收。

04 在青春期之前强化骨质

人体骨质含量在 20 岁左右达到最高峰，45 岁后开始减少

如今小学到高中的孩子，骨折率普遍升高。原因之一，就是孩子们待在室内玩游戏的时间在增加，不到户外晒太阳了。

女生在 12~14 岁，男生在 14~16 岁时，骨骼的生长发育处于最高峰。过了这个重要时期，就算再努力改善饮食、增强运动，也无法大幅度提高骨质含量。

人体骨质含量在 20 岁前后达到最高峰，此后一直到 40 岁左右都相对平衡，45 岁之后开始下滑。

最大骨量（骨量峰值）体现了一生的骨骼质量！女性闭经后，骨量会出现一个急速下滑的阶段，因此女性发生骨质疏松的概率比男性高出 3~4 倍。所以说，青春期的合理饮食，还能预防骨质疏松症及老年骨质疏松性骨折。

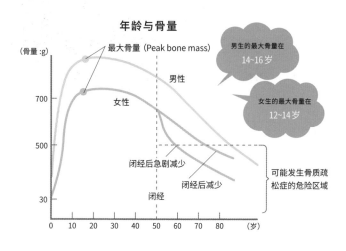

年龄与骨量

骨骺线闭合前会长高！

小孩的骨骼上有一种名为"骨骺线"的软骨组织，是成人所没有的。女性的骨骺线在 15~16 岁闭合，男性则在 17~18 岁闭合，与此同时，急速的长高也会停止。

想要孩子在青春期时强化骨质，长得更高，家长尤其需要重视三大核心要素——营养、运动和睡眠。

营养方面，为防止促进骨骼发育的生长因子"IGF-I"不足，请给孩子补充蛋白质和能量。最新的研究表明，鱼类中的 DHA·EPA（ω-3 脂肪酸），能增加髂骨[①]的骨密度。除了钙元素、镁元素、维生素 D，DHA·EPA 也是骨骼生长必不可少的营养元素。三文鱼、小沙丁鱼干都含有上述元素，请把它们端上餐桌吧！

运动与睡眠同样不可或缺。针对日本幼儿群体的一项研究发现，男孩学习某项运动，女孩有每天运动的习惯，都能在一定程度上增加骨骼强度。除此之外，由于生长激素在睡眠时分泌量最多，"骨密度高的孩子都在晚上 10 点前睡觉"这个调查结果再次说明了"睡觉能长高"的正确性。

矿物质摄入不足或补充过量，都不可取！

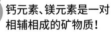

钙元素、镁元素是一对相辅相成的矿物质！

钙元素不仅是骨骼、牙齿的主要成分，还能与镁元素共同协作，能维持肌肉的正常收缩，缓和肌肉兴奋与紧张等，对机体起着众多重要作用。因此，保证机体不缺乏矿物质钙和镁非常重要。镁元素在鱼虾贝类、豆制品、海藻等食材中大量存在。不过，因为香肠、培根等熏制类食品中含有的磷元素会导致镁元素从机体内排出，所以请勿过量食用。

注：①髂骨又称肠骨，是髋骨的组成部分之一，构成髋骨的后上部，分髂骨体和髂骨翼两部分。

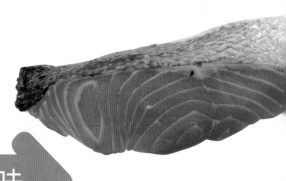

强健骨骼的
菜肴
Recipe

三文鱼的新吃法

为什么要多吃三文鱼?

● 含有大量强健骨骼的钙质与维生素D

● 大脑发育脑黄金DHA的含量也很丰富

● 任何季节都能买到

● 剔骨方便,孩子爱吃

从今天开始
变成拿手菜

糖醋腌渍口味

食材易保存,可提前制备好

洋葱醋腌油炸三文鱼

材料(4人份)

生三文鱼……切成4份
盐……1/2小匙
小麦粉……2大匙
洋葱……1/2个
灯笼椒(黄色)……1个
姜丝……1块
红辣椒(剔除其中的辣椒籽)……1根
芝麻油……1大匙
Ⓐ 汤汁……1/2杯
　 醋、淡口酱油……各1/4杯
　 砂糖……1.5大匙

制作方法

1. 将三文鱼切成一口能吃下的大小。撒上些许盐,放入食品袋中,加入小麦粉后轻轻摇晃袋子,使三文鱼表面均匀地裹上小麦粉。

2. 平底锅用中火加热,将1放入锅中,两面都煎熟,放入保鲜盒中储存。

3. 将洋葱、灯笼椒切成薄片,和酱油、红辣椒一起放入2的平底锅中,淋上芝麻油后用中火翻炒。待洋葱与灯笼椒变软后,加入Ⓐ煮一下,最后放入2。

Arrange

**柳叶鱼、鸡肉也
可以做得很好吃**

本道菜中的三文鱼，还可以换成柳叶鱼，或
者鸡肉等，烹饪步骤不变，煎一下再腌渍即
可。柳叶鱼可以不加盐直接煎。

锡纸烤三文鱼

用烤箱烤制，既方便，又不用洗很多碗

锡纸烤三文鱼和香菇

材料（4人份）

生三文鱼……切成4份

Ⓐ 酱油……1大匙

　生姜汁……少许

香菇……4~8个

大葱……1/2根

Ⓑ 蜂蜜、味噌……各4小匙

　比萨用芝士……3大匙

制作方法

1. 将三文鱼与Ⓐ混合均匀，放置10分钟，用厨房纸将汁水擦干。
2. 剔除香菇的蒂后切成4瓣，大葱斜着切成段。
3. 展开锡纸，铺上1/4份的2，再铺上1份三文鱼，涂上2小匙混合好的Ⓑ，撒上1/4份芝士，将锡纸封口。剩余的3/4按照相同的方法操作。
4. 放入烤箱内烤制10~15分钟。

大人可以撒上一些辣椒粉，引爆味蕾！

蜂蜜+味噌+芝士是孩子喜欢的口味。蜂蜜和味噌可以事先做好备用。大人可以加一些辣椒粉来提味。

Arrange

**任何鱼块
均可以**

只要有鱼块（如鳕鱼、剑鱼、鲭鱼等）和蔬菜，用蜂蜜味噌和芝士盖在上方，包裹在锡纸里用烤箱烤烤一下即可。

光吃鱼肉，就可以为大脑提供DHA

"吃鱼可以变聪明"，这句话是真的!

DHA（二十二碳六烯酸）是鱼油中富含的必需脂肪酸。DHA 是大脑神经细胞的主要成分，不仅能使神经传导顺利进行，还能提高记忆力、学习等大脑运作能力。之所以说"吃鱼可以变聪明"，就是因为鱼肉中含有对大脑有益的成分。补充足够的 DHA，不仅有益于大脑发育，还会促进视力的发育。

然而，人体无法自身合成 DHA，如果没有在每日的膳食中摄入 DHA，大脑就得不到供给。DHA 最丰富的来源是鱼肉。核桃仁、奇亚籽等食物所含有的 α- 亚麻酸，虽然也可以部分转化为 DHA，但转化率非常低，而且还有一部分人天生不具有转化 α- 亚麻酸的酶。

另外，最近不少研究表明，维生素 D 与大脑的神经发育有关。鱼肉是少数含有丰富的维生素 D 的食材，对大脑而言也非常有益。

**是否需要在意
鱼肉中的汞?**

对于准妈妈和婴幼儿而言，甲基汞在体内积蓄会造成危害，所以吃鱼时需要注意不要吃太多。汞比较容易在大型鱼类体内积累，像金枪鱼、旗鱼、红金眼鲷等，一周最多吃一次。而秋刀鱼、沙丁鱼、三文鱼等甲基汞含量低的鱼类，没必要刻意控制食用量。

让含 DHA 的食材多多出现在餐桌上！

富含 DHA 的鱼类包括金枪鱼、鲣鱼、鲭鱼、秋刀鱼、沙丁鱼等背部带青绿色的鱼类，以及三文鱼、鳗鱼等其他鱼类。

我们经常听到一些家长反映说，自家小孩不爱吃鱼。理由五花八门，比如鱼骨头太多孩子嫌烦、不会吃，或者清蒸鱼味道平平，孩子不喜欢，又或者鱼肉价格高，买得比较少等。

那就买些切好的鱼块吧。不仅处理起来方便，剔骨也很容易，照烧或用味噌腌渍一下，放到米饭上，很难有孩子会拒绝这样的美味。

除此之外，金枪鱼罐头、鲭鱼罐头、小鱼干等容易储存的食材，也同样含有 DHA。"每天都吃鱼"听起来似乎很难实现，但实际上有很多轻松易行的方法，比如"在沙拉里加一些罐头金枪鱼肉""汤里加一点罐头鲭鱼肉""做饭团时加一些小杂鱼干"（营养 UP 的饭团 → P74）"用杂鱼干做汤底"（小沙丁鱼干汤汁 → P66）等。试着每天在料理当中放一些鱼肉吧！

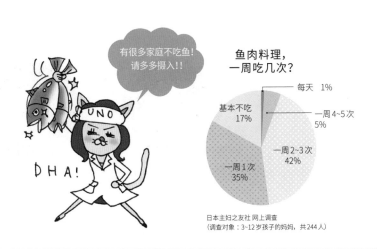

有很多家庭不吃鱼！
请多多摄入！！

DHA!

鱼肉料理，
一周吃几次？

每天　1%

一周 4~5 次
5%

一周 2~3 次
42%

一周 1 次
35%

基本不吃
17%

日本主妇之友社 网上调查
（调查对象：3~12 岁孩子的妈妈，共244 人）

试试这碗"DHA满满的饭"

如果你以前只会烤鱼和蒸鱼，那现在可以试试"与米饭蔬菜并煮""简单地盖上去"这些烹饪方法！

\只需使用罐头/

与米饭、蔬菜并煮

罐头不仅能提供DHA，还为你省去了调味的步骤

味噌鲭鱼烩饭

材料（4人份）
大米……2杯（360ml）
味噌鲭鱼罐头……1罐（190g）
喜欢的任意菌菇……1袋（约100g）
胡萝卜……3cm长
Ⓐ｜生姜末……1大匙
　｜料酒、酱油……各1大匙
芝麻油……1/2大匙
小葱末……1/2根

制作方法
1. 用筛网将大米淘洗干净，倒入电饭煲的内胆，加水。
2. 将菌菇一个个独立分开。胡萝卜切丁（先竖切成4块，再放平横着薄薄地切成片状）。
3. 在1中倒入Ⓐ混合，然后加入鲭鱼罐头和2，启动电饭煲，按照常规煮米饭。煮好之后，加入芝麻油混合，最后点缀上葱花即可。

Before
加入鲭鱼罐头时，其中的汁水也一并倒入！
因为倒入的味噌汤汁含有鱼肉的鲜味，这样煮出来的米饭自然鲜香可口。

After
完成！
菌菇和胡萝卜也煮得软嫩适中了。还可以选用牛蒡、莲藕、萝卜、薯类等食材。(务必在水位调整后加入食材！)

鲭鱼罐头由于经过高温高压的加工处理,其中的鱼骨也变得松软可食。也就是说,鲭鱼罐头不仅能提供DHA,还含有大量钙质!在此基础上再配上一些菌菇、蔬菜,可以同时补充膳食纤维等营养素。

用鱼・蔬菜・海藻・鸡蛋制作营养均衡的盖饭

金枪鱼韩式拌饭

材料（4人份）

热腾腾的米饭……4杯份

金枪鱼（切好）……300g

Ⓐ酱油……1.5大匙
　味淋（甜料酒）……1大匙
　芝麻油……1/2大匙

萝卜干……30g

Ⓑ醋……1大匙
　白砂糖……2小匙
　盐……少许

用水焯过的菠菜……200g

Ⓒ酱油……2小匙
　芝麻油……1小匙
　切末大蒜……少许

裙带菜（泡发）……100g

酱油、芝麻油……各1小匙

温泉蛋……4个

制作方法

1. 事先将金枪鱼切成小块，与Ⓐ混合，放置10分钟后，倒掉腌制出来的汁水。

2. 在沥水网中清洗萝卜干，晾置10分钟，将萝卜干切成小块，放入Ⓑ中混合。

3. 将菠菜切到适合入口的程度，用手拧去水分，浇上Ⓒ。

4. 用芝麻油稍稍炒制裙带菜，再倒入酱油搅拌。

5. 孩子吃的话，在米饭里加入适当的盐和芝麻油（食谱材料外），搅拌均匀后盛入碗中。在米饭上依次摆1、2、3、4，最后盖上温泉蛋。大人可以根据自己的喜好，加入泡菜或韩式辣椒酱。

金枪鱼

米饭

预先给食材调味，孩子的胃口会改变！！

食物要是没有味道，孩子的食欲就很难得到激发。你只需预先给食物调味，去除金枪鱼的鱼腥味，孩子就能大口大口吃得津津有味了。

金枪鱼是富含DHA的珍贵食材！很多人都只会想到吃生鱼片，其实可以运用家中现有的食材，做一道颜值爆表的盖饭，确保四类（参考P44~45）营养元素都齐全。

构成血液的"铁"，
是健康的终极答案

"容易疲劳""注意力不集中"，这些都是身体缺铁的表现

血液向全身输送氧气，有着重要的职责。铁与蛋白质组合构成血液中的血红蛋白。因此，假如体内铁元素含量不足，就无法合成足够的血红蛋白，从而导致机体氧气供应出现问题。这就是所谓的"缺铁性贫血"。

一说到贫血，很多人脑海中立马会浮现出"皮肤发青发白""常常头晕目眩"等症状。实际上，贫血导致的症状不止这些，像"容易疲劳""浑身乏力""精神无法集中"等，都可能是由贫血引起的。

血量不够充沛，当然就没法元气满满，因此我们说，铁是健康与否的关键。

铁元素是一种吸收率比较低的营养元素。很多人觉得，补铁要吃菠菜、羊栖菜，但因为非血红素铁（植物性食物）的吸收率很低，希望

什么是血红素铁？

人体吸收率为
25%

● 动物性食物　● 机体吸收率高　● 不受丹宁酸（鞣酸）的影响

鲣鱼　　　　金枪鱼　　　动物肝脏　　　猪里脊肉　　　牛腿瘦肉

大家有意识地补充瘦肉、鱼肉等含有血红素铁的食物。血液构成同样离不开蛋白质，其中瘦肉、鱼肉尤其能高效补充"铁＋蛋白质"。

断奶期可能出现"缺铁性贫血"？

孩子贫血，说明母亲在妊娠期出现了贫血。因为当孩子还在妈妈肚子里，就在吸收铁元素，并以"贮藏铁"的形式储存在体内，而母亲的贮藏铁与孩子的贮藏铁成正比。也就是说，妈妈贫血的话，孩子则更容易得贫血！另外，出生时体重越轻，贮藏铁的量就越少。

孩子体内含有多少贮藏铁，肉眼看不到，所以我们无法做出鉴定。但是，在断奶期间未能获得足够铁元素的孩子，很多都出现了"缺铁性贫血"的症状。比如经常哭闹、总是动来动去静不下来、语言能力和认知能力低等，这些发育迟缓的现象都表示孩子可能缺铁，家长稍不注意就会加重症状。

要是你发现自己的孩子可能缺铁，现在给他补铁也来得及哦！从今天开始，不能只给孩子吃铁含量少的面条、面包了，每天都给他们吃些肉和鱼吧！

什么是非血红素铁？

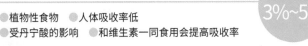

● 植物性食物　● 人体吸收率低
● 受丹宁酸的影响　● 和维生素一同食用会提高吸收率

人体
吸收率为
3%~5%

如果在食用上述食物后的30分钟之内，喝了咖啡、红茶等含有大量丹宁酸的饮品，可能会阻碍人体非血红素铁的吸收。

菠菜　　　　羊栖菜　　　　纳豆　　　　豆腐　　　　西梅干

补充铁元素，每天都不能怠慢！

为什么要选择文蛤？

● 文蛤是含有丰富铁元素的食材代表！

● 含有丰富的钙、锌等矿物质元素！

● 极具鲜味，非常适合做汤。

● 文蛤去沙后，可以冷冻保存。

（如需冷冻，请煮沸后与汤水一起冷冻）

文蛤去沙

将文蛤倒入沥水网，整个浸泡在装满水的盆中，文蛤就不会将掉出来的沙子吸回去了。用浓度近似海水的盐水浸泡，文蛤吐泥沙的速度会更快，浸泡在淡水中，容易去除文蛤中的盐分。在文蛤上方盖上报纸等，给文蛤制造一个昏暗的环境，有利于文蛤吐沙。一个小时左右文蛤基本吐沙完毕。将文蛤互相搓洗，再用手转动文蛤反复淘洗几次。这样，文蛤就被洗得干干净净了。

汤汁中的"铁元素"也不留下，全部喝得一干二净

文蛤豆腐小松菜汤

材料（4人份）

文蛤……200g

南豆腐……1/2块

小松菜……2~3棵

大蒜薄片……1个蒜瓣

Ⓐ 水……3杯
　 海带……10cm
　 杂鱼干……10g

芝麻油……1大匙

酱油……少许

制作方法

1. 文蛤去沙。小松菜切成2cm长。

2. 在锅中倒入Ⓐ，开火加热，快要煮沸时关火。放置一边直到冷却，捞出海带和杂鱼干。

3. 取出另一个锅，倒入芝麻油和大蒜片，中火煸炒，待香味出来后再放入文蛤，同时倒入2。炒到文蛤开口后，将切成小块的豆腐倒入锅中，并加入小松菜，最后用酱油调味。

营养 UP 的要点

文蛤、小松菜、豆腐是富含铁元素的"三剑客"！小松菜不仅含有大量的铁，还含有利于铁元素吸收的维生素C，可谓一举两得。纳豆等豆制品，也含有丰富的铁。

为什么要选择瘦牛肉糜？

● 其中含有容易被机体吸收的血红素铁。

● 瘦肉中含有更多的铁元素！如果没有牛肉，也可以用猪肉代替。

● 肉糜孩子一般都爱吃。如果把牛肉做成肉松，
  则可以每天补充一点铁元素。

制作牛肉松的材料与方法

（方便制作的分量）
在平底锅中倒入牛肉糜200g、酱油、红糖各
2大匙，生姜汁、淀粉各1小匙，混合均匀后
加热。不断翻炒，直到汤汁烧干。

Arrange

牛肉松可以加到饭团、炒饭、煎鸡蛋里，也可以搭配到
意面中，炒菜、煮菜里面同样可以应用。事先多准备一
些牛肉松备着，到时用起来会非常方便！

来自瘦牛肉与鸡蛋的双倍补铁
鸡蛋牛肉松双色盖饭

材料（1人份）

热乎乎的米饭……1碗（吃饭的小碗）

牛肉松（做法参考上方）……2~3大匙

Ⓐ 鸡蛋……1个
  蜂蜜……1/2大匙
  盐……少许

梅干、葱末……各适量

制作方法

1. 将Ⓐ搅拌均匀，用平底锅煎炒（或者
   倒入耐热容器，不需要保鲜膜，直接
   放到微波炉中加热1分钟，再用搅拌
   器打碎）。

2. 另拿一只大碗盛上米饭，把牛肉松、
   1和梅干盖在米饭上，最后撒上葱
   花。大人可以根据个人喜好添加辣椒
   粉等调味料。

营养 UP 的要点

铁元素在肝脏中含量最多，在瘦肉中含量也十分丰富，牛腿上的瘦肉就是很好的富含铁元素的食材。相比一次性大吃一顿牛排，每天都积极补充一些牛肉，更利于机体对铁元素的吸收！鸡蛋（蛋黄）也是非常便利的铁元素来源。

吃法档案 07

别小瞧了"肠道细菌"的免疫力！

肠道中聚集了人体 60% 的免疫细胞

婴儿在出生前，肠道中没有任何细菌。当他从产道出来，来到这个世界的那一刻起，细菌从他的口腔进入，一直抵达肠道，从此寄居在肠道中，名曰"肠道细菌"。我们都知道，肠道细菌的数量在 3 岁左右就基本定型。很多家长在孩子尚小的时候，总会尤其注重除菌、抗菌。但是最近的研究开始倡导孩子最好到各种不同场所去接触不同的人、动物与物品，尽可能增加体内的菌群种类与数量，这样才会有益肠道环境的健康。

不知道你是否听说过"粪便移植"这个词，这是一种治病方法。治疗法是把经过处理的健康人的粪便液，灌到罹患癌症等疑难杂症的病人肠道内，通过对患者肠道菌群的生态进行调整，从而治疗疾病的方法。

人体大约 60% 的免疫细胞都聚集在肠道中，所以说，肠道是机体

肠道内包含"益生菌""有害菌"，还有一种叫"条件致病型"的墙头草型细菌。假如益生菌在肠道中占优势，那条件致病菌就比较乖，发挥有益身体的功能，但如果有害菌占主导，那它就会和有害菌联手给身体制造麻烦，要小心哦！

肠道细菌会随着大便一起排出，所以每三天就更新一次！

30

最大的免疫器官。优化肠道环境不仅能使排便通畅，还能提高免疫力，预防感染病等各种疾病，还能避免成为易胖体质，是一把决定健康的金钥匙。

通过饮食调整肠道环境

调整肠道环境，最主要的方式是调整饮食。

肠道内的细菌群瞬息万变，差不多每三天更新一次。因此，增加肠道益生菌的饮食方法，需要每天坚持才有意义。发酵食品含有乳酸菌等对机体有益的微生物，推荐每天吃一次。碳水化合物（糖类和膳食纤维）能促进益生菌的生长，所以我们也要注意，不能不吃主食。

我们都知道，便秘的时候要多摄入膳食纤维，其实膳食纤维也分两种。小孩的便秘大多属于"直肠性便秘"，这时候如果吃了富含刺激肠道的"非水溶性膳食纤维"的食物（糙米、谷类、胡萝卜、菌菇、香蕉等），反而可能会加重便秘。而"水溶性膳食纤维"（纳豆、海藻、魔芋）能增加大便的水分，使其变软。请针对性摄入，保持肠道微生态平衡。

对肠道环境有利的食物VS不利的食物

增加益生菌（发酵食品）　　　　　成为菌群的养料　　　　　增加有害菌

酸奶　纳豆　　　低聚糖　米饭　　　过度油炸的油炸食品　肉类脂肪

08

补充足够的维生素和矿物质

让蔬菜多多出现在餐桌上

很多妈妈都抱怨自己的孩子不爱吃蔬菜。其实这些家长们自己摄入的蔬菜也不够。正在养育下一代的中青年，实际上只有 20% 的人能做到每天至少食用 350g 蔬菜。加上西餐正在普及，人们对菌菇、薯类、豆类、海藻等食物的摄入也在减少。

维生素、矿物质在体内只是微量存在，但如果摄入不足，身体状况就会出现问题，严重缺乏和过度摄入都会诱发疾病，所以请不要忽视。

有些人可能会产生疑问，还有因为不吃海藻而缺乏的营养元素吗？答案是肯定的，海藻中含有大量碘，是甲状腺激素的主要成分，一种非常重要的矿物质。碘元素不足会引发新陈代谢问题，另外对儿童的发育也有不利影响。

> 摄入方式能提高维生素的吸收率！

脂溶性维生素

A D E K

维生素 A	维生素 D	维生素 E	维生素 K
对皮肤、黏膜起保护作用，增强体质，预防感冒	促进钙质吸收，提高免疫力	具有很强的抗氧化性，保护机体免受紫外线的伤害	具有止血作用，促进钙质保留在骨质中

➕ 与油脂一起摄入，能提高吸收率

例如……　胡萝卜中含有丰富的β-胡萝卜素（在体内作为维生素A发挥功效），和调味油一起食用，能提高吸收率！

其次，蔬菜、菌菇、薯类、豆类、海藻都是膳食纤维的宝库。膳食纤维不仅能调节肠道环境，如果在吃饭时最先食用，还能抑制血糖升高过快。另外，膳食纤维增加了咀嚼次数，能有效防止吃太快、吃太多。如果担心孩子发胖、得糖尿病，请记得让他们"先吃蔬菜"。

争取让每顿饭都包含五种颜色

菜色丰富，可以激发食欲。富含矿物质的食材，很多都色彩艳丽，这会让孩子嘴馋想吃。

食材色彩丰富，证明营养均衡。有意识地在每顿饭里，都从红色、黄色、绿色、紫色、白色、黑色、棕色这 7 种颜色中选 5 种颜色进行搭配，为孩子制作五颜六色的健康营养餐。

西餐中的沙拉，可能包含红色、黄色和绿色，但日式炖菜、味噌汤，还包含棕色（菌菇、牛蒡等根茎类蔬菜）、黑色（海苔、裙带菜、羊栖菜等海藻）、白色（萝卜、豆腐、小鱼干等）。

日式菜谱的魅力在于颜色更加丰富，也就是说，营养更多样化。

水溶性维生素

B 族维生素
维生素B₁、维生素B₂、烟酸、维生素B₆、维生素B₁₂、叶酸、泛酸、生物素
互相协作，参加机体的各种代谢活动

C 维生素
促进合成胶原蛋白，强化皮肤与骨骼的健康

➕ 与汤汁一起食用，提高吸收率

例如…… 西蓝花当中含有大量叶酸和维生素C，可以减少蒸煮时间，来提高吸收率，如果做汤，可以把汤汁一起喝下去！

1天所需摄入的蔬菜标准量可参考第二章的内容

有意识地吃"7种颜色"！

食物色彩的丰富程度，代表营养的丰富程度。

红、黄、绿、紫、白、黑、棕这些颜色的食物，搭配在一起，看着就很漂亮，超级有食欲！

时常运用蔬菜、海藻、菌菇这些配菜，增添色彩，就等于增加营养元素，因为"颜色=营养"。

红

黄

绿

紫

白

黑

棕

Red

可以在汤中，用水烫
法剥去番茄皮
把番茄浸入鸡骨浓汤中，
用水烫法去皮，这样就不
必再另煮水去皮了。

可以用!

加热的番茄很美味，
加上鸡蛋营养更全面

番茄鸡蛋汤

材料（4人份）
番茄……1个
鸡蛋……2个
淀粉……1大匙
姜丝……1块
芝麻油……1大匙
Ⓐ 水……3杯
　 鸡骨浓汤……1大匙
　 料酒……2大匙
盐、胡椒……各少许

制作方法
1. 在锅中倒入芝麻油和生姜丝，中火
   加热，待香味四溢后加入Ⓐ煮沸。
2. 去掉番茄蒂，放入1中约5秒钟后取
   出，剥去番茄皮，番茄切块。
3. 在碗中倒入淀粉和1大匙水，混合搅
   拌，再打入鸡蛋并打散。
4. 把2加入1中，待水再度沸腾后，倒
   入3，同时撒入盐和胡椒调味。盛入
   碗中，按照个人喜好，可以撒些粗
   磨黑胡椒粒。

Yellow

用酸奶调节硬度、
增加营养

南瓜如果口感较硬,可以
多加些酸奶,口感较软则
少加些,根据情况调节,吃
起来更可口。

更能控制盐分的摄入,孩子们都喜欢吃

南瓜泥沙拉

材料(4人份)

南瓜…300g

葡萄干…3大匙

Ⓐ 原味酸奶……3~4大匙

胡喱粉……1小匙

盐……1/4小匙

胡椒……少许

红糖……1小匙

适合做沙拉的蔬菜、杏仁片……适量

制作方法

1. 用勺子挖去南瓜种子,把南瓜煮软,
   或者用保鲜膜包住,放入微波炉中加
   热6分钟,切成适合入口的大小。葡
   萄干如果较硬,可以稍微煮一下。

2. 将1中的食材混合,再加入Ⓐ搅拌,
   倒入铺了蔬菜沙拉的餐盘中,最后撒
   上杏仁片。

Green

需要将煮好的叶菜类蔬菜冷藏时，可以用厨房纸包裹，这样不容易发黄。

厨房纸能够吸走多余的水分，防止杂菌繁殖。冷藏保鲜时长：3天。

可以用9天！

坚果作"拌"，强化营养！

花生酱拌菠菜

材料（4人份）
煮熟的菠菜……200g
金针菇……1袋
Ⓐ 花生酱（无糖）……2大匙
酱油……2小匙
红糖……1~2小匙

制作方法

1. 将金针菇切成3cm左右长度，上锅蒸制，或者装入耐热容器包上保鲜膜，用微波炉加热1分钟。
2. 将Ⓐ混合均匀，然后把1连同汁水一起倒入，最后放入切成合适大小的去水菠菜。

Purple

使用蜂蜜味噌，口感更丰富！

蜂蜜味噌不仅可以用在蔬菜上，涂到猪肉、牛肉、鱼肉上烧制，同样味道鲜美(请参考P16的"锡纸烤三文鱼")。冷藏状态下可保存2周。

直接使用！

旺火快蒸，把紫色送上餐桌

酱烤茄子

材料（4人份·蜂蜜味噌适量）
茄子……3个
芝麻油……1大匙
Ⓐ 蜂蜜……4大匙（约90g）
　味噌……4大匙（约70g）
炒白芝麻……适量

制作方法

1. 将茄子切成1cm厚的圆片，均匀排列在平底锅上，均匀地淋上芝麻油。盖上锅盖中火焖炒，上下翻面，直至两面熟透。

2. 将Ⓐ混合均匀。

3. 将1中煎好的茄子盛入餐盘中，淋上2，最后撒上白芝麻。

将海苔放在塑料袋中揉碎，海苔就不会四处飞散

海苔能点缀食物，增加营养，但容易飞散，可以在塑料袋中揉碎。

直接使用!

White

大豆和海藻摄入不足的话，加上这道菜
调味海苔拌豆腐

材料（4人份·调味海苔适量）

豆腐……1块

Ⓐ 海苔……1张
  炒白芝麻……2大匙
  大蒜末……1/2小匙
  红糖……2小匙
  酱油……3大匙
  芝麻油……1大匙

制作方法

1. 将海苔装入一个干净的食品塑料袋中，用手揉搓，直至揉碎。把海苔倒入碗中，再加入Ⓐ中剩余的其他材料，混合均匀。

2. 把豆腐切成4份，分别盛入碗中，适量浇上1即可。

羊栖菜浸泡在热水中,
可以快速复水

羊栖菜在冷水中浸泡30分钟可以复水,但如果放入热水中,则仅需2分钟,做沙拉等菜肴时非常方便。

直接使用!

Black

豆子搭配樱花虾,既营养又好吃
羊栖菜豆子沙拉

材料(4人份)
羊栖菜…10g
黄瓜…1根
混合豆子(蒸豆)……1/2杯（50g）
樱花虾……3大匙
Ⓐ 炒白芝麻……3大匙
  醋……2大匙
  酱油……1.5大匙
  红糖、芝麻油……各1大匙

烹饪方法
1. 在锅中加入2杯水煮沸,倒入羊栖菜后关火,2分钟后用沥水网捞出。用水冲洗羊栖菜,沥干水分后装入碗中,加入Ⓐ。
2. 黄瓜切丝。樱花虾放入平底锅干炒至熟透。
3. 食用时,将2倒入1中,最后加入混合豆子搅拌即可。

Brown

直接使用!

事先准备好混合菌菇放入冰箱冷冻，用的时候就非常方便！可以将生的菌菇切成适合入口的大小，放入冰箱冷冻。待需要用时取出，非常方便，而且经过冷冻后，菌菇的鲜味更浓郁。

大人孩子都想吃!
增强免疫力的菌菇

调味菌菇

材料（4人份）
各种菌菇……3袋（约300g）
洋葱……1/4个
Ⓐ 盐……1小匙
　 醋、橄榄油……各2大匙
　 白砂糖……一小撮

烹饪方法
1. 去除菌菇的蒂，切成适合入口的大小。洋葱切成薄片。
2. 将1和Ⓐ放入平底锅混合均匀，盖上锅盖，中火加热8分钟，或者在耐热碗中加入1和Ⓐ混合，用保鲜膜包裹，放入微波炉加热5分钟。

吃法档案 09 各种营养元素需要相互协作，而妈妈就是教练！

营养元素若不搭配好，则无法发挥作用

营养元素包含碳水化合物、蛋白质、脂肪，还有维生素和矿物质等数十种。大概很多人会觉得，这么多营养元素，记都记不住！其实人体内这些数量庞大的营养元素都各司其职、相互协作，为我们的机体所用。

我们经常会听到有人说，"营养均衡很重要"，那是因为单独某一种营养元素是无法发挥功效的，各种营养元素需要相互协作。并且，没有哪种食物是完美包含所有营养元素的。

例如，谷物转化成能量需要 B 族维生素的协作，如果早餐只吃面包，上午就会变得精神不振。所以食用面包时，需要搭配摄入一些富含维生素 B 的配菜。

如果把猪肉用作配菜的话，可以搭配洋葱、韭菜、大蒜等，它们与猪肉中可缓解疲劳的维生素 B_1 协作，能大幅提高营养元素的吸收率！

碳水化合物+B族维生素

我是教练

米饭（碳水化合物）要转化成能量为身体所用，需要摄入肉类、鱼类、鸡蛋、绿色和黄色蔬菜等配菜中含有的 B 族维生素！

营养元素就是这样相互协作的。

运动少年要强壮肌肉，光摄入蛋白质也不够。数据证明，蔬菜、海藻、薯类等样样都吃，保证维生素和矿物质等营养摄取均衡的人，肌肉含量更多。

先把食材分为四大组！

上面提了这么多关于营养元素的话题，但如果真的巨细无遗地考虑到每种营养元素，给孩子做饭就会变得十分困难。到底要把哪些食材搭配在一起吃呢？答案就在下一页，我们将这些食材分成4组来进行说明。

各位妈妈请先想象一下自己变成了食物们的"教练"。在足球队、棒球队里，如果没有配合，球队就无法取胜。食物也是同样的道理！我们需要从这四大类食材中分别选择，保证营养均衡，各种营养元素才能在体内充分发挥作用。

首先购买4组食材，一一对号入座。然后，比如像第2组蛋白质食材，可以安排早餐吃鸡蛋，中午吃肉，晚上吃鱼和豆腐，如此换着来，让每天的早、中、晚餐都不重样。

维生素B$_1$+大蒜素

猪肉中的维生素 B$_1$（缓解疲劳的维生素）与葱属植物中的大蒜同食，能提高其吸收率！是为身体提供活力的最佳拍档。

铁+维生素C

吸收率较低的非血红素铁与富含维生素 C 的红灯笼椒、西蓝花、柠檬一起用用，能提高吸收率。

营养元素是4组成员的团队赛！
"团队整体协作"是关键！

第1组	第2组
大人小孩一起补充 容易缺乏的 钙与铁元素	**可以补充蛋白质， 构成肌肉、血液等， 从而强壮身体**

乳制品和鸡蛋中不仅含有优质蛋白质，还富含其他各种营养元素，例如大人与小孩都比较容易缺乏的钙及铁元素。大人小孩都应该多吃点！准备起来也很方便，可以添加到早餐或点心当中。

鱼类、肉类、豆制品都含有丰富的蛋白质，是构成肌肉、血液等的原料，能强壮身体。除了蛋白质外，这些食材还含有 DHA、铁元素等不同的营养元素，所以我们不能光吃肉，鱼类、豆制品也要吃。

每100g 酸奶里含有120mg 钙

乳制品

1个鸡蛋里含 1.0mg 铁

鸡蛋

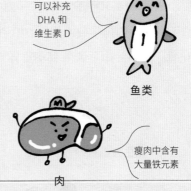

可以补充 DHA 和 维生素 D

鱼类

瘦肉中含有大量铁元素

肉

钙、铁元素 含量丰富

豆制品

每日推荐摄入量

钙 (mg)			铁 (mg)	
男	女	年龄 (岁)	男	女
600	550	3～5	5.5	5.5
600	550	6～7	6.5	6.5
650	750	8～9	8.5	8.0
700	750	10～11	10	9.5
1000	800	12～14	11	10

摘自：日本人的饮食基准

营养元素无论偏向哪一组，都会妨碍营养的
整体吸收。妈妈们作为主教练，应保证每日
三餐营养均衡！

**能够维持身体健康，
是维生素、
矿物质的宝库！**

**维持大脑与身体的运作，
是重要的能量来源！**

第3组食材富含维持机体健康的营养元素，
其中包括维生素、矿物质和膳食纤维。颜色
较深的绿色和黄色蔬菜，营养价值更好，记
得要多吃！另外，菌菇、薯类、海藻、水果，
也别忘了适量补充。

第4组食材能提供生命活动所需要的能量。
作为主食的米饭、面包、面条等，不仅含有
碳水化合物，还富含膳食纤维。因为它们是
生长发育过程中不可或缺的营养元素，所以
一日三餐都要摄取主食。

绿色和黄色蔬菜

米饭、面包、面条

别忘了
加点菌菇！

浅色蔬菜　　　　　红薯

白砂糖　　　　　油

海藻　　　　　水果

油与白砂糖中，只含有能转化为能
量的营养元素，所以请注意不要摄
入过多！！

摘自：女子营养大学四群点数法

45

10

营养过剩或不足，
都要判黄牌警告

我们的身体是由我们吃的食物组成的

在物资匮乏、经济不发达的过去，国家颁布居民膳食指南主要是为了预防营养不足，而如今，随着人民生活水平的提高，针对营养过剩的对策，也开始受到人们的重视。

英语里有一句俚语，"You are what you eat"。正如这句话所说，我们的身体是由我们摄入的食物组成的。吃下的食物变成机体的养料，组成细胞，转化成能量为我们所用。

无论哪种营养元素，摄入不足或摄入过多，都对我们的健康不利。所以饮食最重要的标准就是适量！

父母需要保证孩子均衡饮食

"素食主义""控制糖分"等各式各样的饮食方法不计其数，而日本国内的一项调查表明，均衡饮食的人死亡率最低。现如今还没有任何一种饮食法能胜过"均衡饮食"！

	蛋白质	脂肪·碳水化合物
摄入过多导致 **营养过剩▶**	摄入过多的部分会随着尿液排出体外，所以会加重肾脏的负担！促进钙质排泄，容易导致骨质疏松！	脂肪积蓄在体内造成肥胖！
摄入不足导致 **营养缺乏▶**	发育迟缓！免疫力低下，抵抗力减弱！肌肉力量减弱！	思维能力差！运动需要的能量不够！

小孩子大多都偏食，只吃自己喜欢的食物，如果不加以引导，很难保证他们的饮食均衡化。所以，我希望家长们能适当约束，主动调整孩子们的饮食。

米饭吃太多的孩子，很可能会缺乏大脑发育所需的蛋白质。鱼汤能增加饱腹感，防止孩子暴饮暴食，不妨试一试！光吃肉的孩子，家长们不仅需要给他们补充蔬菜沙拉等素食类，还要让他们多摄入一些白肉鱼、菌菇、番茄等同样有着鲜香可口的食物。

近年来，越来越多孩子的家长、学校老师们，就减肥低龄化导致孩子拒绝饮食的问题，来征求我们的建议。我们可以告诉孩子们，如果不好好吃饭，个子就长不高，不能像模特小姐那样身材高挑。另外，如果连基本的体重、体脂率都达不到，将来就无法正常怀孕当妈妈（月经初潮不来）。

维生素

- 基本不存在因此导致的营养过剩
- 需要注意脂溶性维生素摄入过多！

- 身体状况容易出问题！
- 其他的营养元素几乎发挥不了作用！

矿物质

- 食盐（钠）摄入过多，会对肾脏造成负担！
- 磷元素过多导致骨质变弱！

- 钙质不足容易骨质疏松！
- 镁元素不足导致便秘！
- 铁元素不足会贫血！

11

零食不等于"点心"！
零食是空有热量的食物

餐桌上摆上孩子爱吃的食物就够了吗？

追溯过去，也就是父辈们还非常严厉地给我们制定餐桌规矩的年代，总能听到"吃饭时不许说话""不可以挑食""粒粒皆辛苦"之类的教导。而现今，一家人围坐在餐桌前已然成为欢聚的时光，大家更倾向于"让孩子们开心""全家其乐融融"的餐桌氛围。

现在，一部分传统的中老年人还在坚持要给家人吃一些不算美味却有利健康的食物的原则，但很多年轻父母已经转变观点，他们觉得只要孩子吃得开心就好。

我们以前总是被教导，碗里的饭菜要全部吃完，不能剩下，而如今的家长则会根据孩子的胃口准备好饭菜的量。并且越来越多的孩子在家吃饭的次数在大幅度减少。

是不是只要孩子吃得开心就够了呢？光给孩子吃他们爱吃的东西，他们就能茁壮成长了吗？针对这些疑问，希望家长们能够再谨慎地考虑一下。

只吃零食和果汁的孩子容易发育不良

我们经常遇到家长前来咨询说，自己家的孩子只爱吃零食，不知如何是好。大概很多家长都遇到过这样的问题，因为孩子喜欢吃零食，为了让孩子开心，不知不觉就把零食当点心给他们吃了。

准确地说，零食其实就是空有热量的食物。也就是说，零食虽然卡路里很高，但生长必需的营养元素却空空如也。不仅如此，零食中含有大量身体不需要的脂肪和糖类！

例如，薯片含有大量脂肪，100g 薯片的热量高达 500 卡路里以上，比幼儿一顿饭的热量还高。而 1 罐 350ml 的甜味碳酸饮料，其含糖量相当于 10 颗方糖！这也难怪，孩子吃了零食，喝了甜味果汁之后，就吃不下饭了。

无论是油脂还是糖，1 天所需的量都应少于 1 大匙，我会在接下来的第 2 章中进行详细的说明。只要正常吃饭，就能摄取到足量的脂肪与碳水化合物，所以没必要靠零食来摄取。

当心果葡糖浆吃太多！

所谓果葡糖浆，是由植物淀粉水解和异构化制成的淀粉糖晶，是一种重要的甜味剂。被广泛运用在果汁饮料里，过多摄入会引发健康问题。所以购买前请确认清楚原材料表。

点心能补充营养，是饮食的一部分！

提到点心，很多人脑袋里可能都会闪过"甜食"，然而它对于孩子而言，却是饮食的一部分。可以在早餐和午餐之间，也可以在午餐与晚餐之间，在不影响孩子正常进餐的情况下，给孩子吃些点心可以为孩子补充正餐中缺乏的营养。

给小孩吃甜味零食，吃的时候他们一定会笑逐颜开，说美味极了！但几个小时以后，他们很可能就会嚷嚷累了，无法集中精力学习！那是因为如果身体没有足够的维生素 B_1，糖类代谢会受阻，如此一来体内就会积蓄乳酸，变得疲累无力。

另外，吃下甜味零食后，机体为了排出不必要的糖类，需要大量水分。这个时候如果再喝果汁饮料就错上加错了！因为这样就陷入越累越想要甜食（身体本能地希望提高血糖指数）的恶性循环。

给孩子吃他们爱吃的零食的时候，记得搭配含有维生素、矿物质的大麦茶或者路易波士茶等。要是真的很想喝甜饮料，推荐试试富含维生素、矿物质和膳食纤维的可可豆奶。如果非常想喝甜果汁时，家长可为孩子选择大豆或海藻点心、水果果冻、梅干酸奶、低糖布丁等用以搭配。

家长认为以下点心可以经常给孩子吃

吃有营养的食物！

1. 土豆片
2. 仙贝
3. 橡皮糖
4. 小饼干
5. 巧克力点心
6. 冰激凌
7. 柠檬汽水

日本主妇之友社 网上调查（调查对象：3~12岁孩子的妈妈，共244人）

50

不能想吃就吃，要定时吃饭

"有什么可以吃的吗？""有没有点心呢？"，孩子只要一嘴馋，就会问这问那讨吃的。即便这样，家长也要明确意识到不到吃饭时间不给孩子吃东西，养成每天定时吃饭的习惯是非常重要的。

有些家长认为，孩子刚刚吃了点心，肚子应该不饿，正餐就不吃了，随便吃点肉就行了，这不等于告诉孩子正餐不重要吗？在吃饭前，我们可以告诉孩子"马上就吃饭了，稍微等一等"，让孩子稍微忍耐一下，这样孩子以后就习惯了。

饥饿是最好的调味品。肚子有饥饿感，吃饭时会更专注，吃得会更香，"挑食""吃太少""吃饭时静不下来"这类问题，也能迎刃而解。

总是想吃就吃，还会出现蛀牙问题。

致龋细菌会分解食物中的糖类，产生酸性物质，从而溶解牙齿最外层的牙釉质。如果有规律进食正餐与点心，那么进食过后，唾液会将口腔环境从酸性转为中性。但如果总是不断吃一些甜食，嘴巴停不下来，那么口腔会长期处于酸性环境，唾液也就无法修复我们的牙齿。如此以往，孩子患龋齿的概率将大大增加，请家长们务必注意。

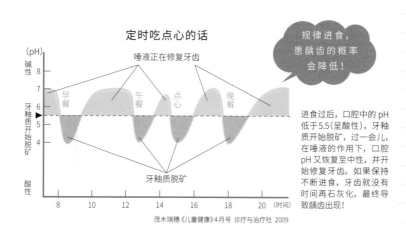

定时吃点心的话

规律进食，患龋齿的概率会降低！

进食过后，口腔中的 pH 低于5.5(呈酸性)，牙釉质开始脱矿，过一会儿，在唾液的作用下，口腔 pH 又恢复至中性，并开始修复牙齿。如果保持不断进食，牙齿就没有时间再石灰化，最终导致龋齿出现！

茂木瑞穗《儿童健康》4月号 诊疗与治疗社 2009

自制点心时稍微花点心思，
把膳食中不够的营养补回来

　　市售的点心可能含有反式脂肪酸，且糖油含量高，妈妈们究竟应该给孩子制作什么样的点心呢？下面就教妈妈们几款简单点心的制作方法。这些点心不仅能使皮肤变好，还有益身体健康哦！

混合坚果能增加饱腹感，我经常自己买来当点心吃。我家小孩爱吃黄豆粉，我就用黄豆粉裹上坚果装饰了一下，孩子说："坚果穿上衣服就变成美女了！"说完便高兴地吃了起来。

(Y·M女士和10岁的女儿)

香脆可口的坚果，吃起来很方便
黄豆粉裹坚果
材料（容易制作的分量）
混合坚果（不添加食用盐）……100g
Ⓐ｜红糖……1/2杯
　｜水……2大匙
黄豆粉……2大匙

制作方法
1. 在平底锅中倒入Ⓐ，加热至黏稠的糖稀后关火，把坚果加入锅中翻炒，或者将Ⓐ装入耐热容器，搅拌均匀，放入微波炉加热4分钟左右，待液体变得黏稠后取出耐热容器，倒入坚果，裹上糖液。
2. 倒入黄豆粉搅拌，直到坚果不再相互粘连。

试着做了一下！

超市买的烤红薯直接当点心给孩子吃，总是被他嫌弃，但加了芝士做成薯饼后，他吃了还要吃，我真是又惊又喜。这个点心很健康，真不错♪

（K·R女士和8岁的儿子）

把买回来的烤红薯变身成美味的点心

红薯芝士饼

材料（容易制作的分量）

烤红薯……200g

淀粉……2~3大匙

切片芝士……2片

橄榄油……1大匙

炒黑芝麻……适量

制作方法

1. 去除烤红薯的皮，放入碗中，加入淀粉混合均匀，分成8等份，做成圆饼形。

2. 在平底锅中加入橄榄油，中火加热，依次放入1，两面翻烤至金黄色。将芝士片4等分，放在饼的上方，最后撒上芝麻。

試着做了一下！

女儿快要进入青春期了，情绪不稳定的时候，我就和她一起，一边吃着这道点心，一边聊聊天。这道点心能同时让味蕾和心灵得到满足，强烈推荐。我和女儿都容易便秘，吃了这个好像还能帮助肠道蠕动。

（M・A女士和11岁的女儿）

煮到软烂，给点心增加矿物质

红茶煮西梅
淋上酸奶

材料（容易制作的分量）
西梅……100g
红茶茶包（无咖啡因）……1袋
原味酸奶……80g

制作方法
1. 在锅中倒入1/2杯水，放入小茶包和西梅，开火加热。待水沸腾后关小火，煮2~3分钟后取出小茶包，关火冷却。
2. 在碗中倒入酸奶，加入1。

适合婴幼儿
的点心有哪些？

1天吃1~2次点心，可补充膳食中缺乏的营养元素。规定好进食的时间与量，避免影响正餐。这里推荐：酸奶、水果、饭团、蒸红薯、芝麻或核桃仁饼干、海藻米饼、小鱼、南瓜或红薯蒸包、加了蔬菜的蛋糕等。

适合中小学生
的点心有哪些？

孩子上学之后，一日三餐加牛奶和水果，如果营养还不够，可以再吃些点心。很多孩子会把冰激凌、小蛋糕当点心或夜宵吃，这样容易使孩子肥胖，甚至还会不想吃早饭，家长们需要注意！适当给孩子们吃些点心，只要不影响正餐食量就行。

看起来健康的小孩，也可能是生活习惯病①的潜在患者？！

并不是说孩子看起来很健康，就可以放心了

有些家长会觉得自己家的孩子不胖，学校的健康检查也没查出什么毛病，看起来很健康，应该没问题。其实，如果过多摄入油脂和糖类，就算身体不肥胖，也有可能会患上其他疾病。而近年来，患生活习惯病的孩子正在不断增多。

首先，我们需要留意的是"糖尿病"。这种病会使血液中的葡萄糖含量升高，导致高血糖。自身体质、肥胖、运动不足、压力过大等多重因素的影响下，会导致该疾病的发生。

尿酸异常的孩子也在增多。尿酸是嘌呤分解代谢的最终产物，正常情况下会随着尿液排出体外。如果嘌呤的排泄受阻，血液中的尿酸含量就会过多，造成高尿酸血症，从而引起痛风，严重的甚至会导致肾功能障碍。

果汁饮料、冷饮中含有大量糖分，会让人越喝越觉得口渴，同时还会使血糖和尿酸升高。

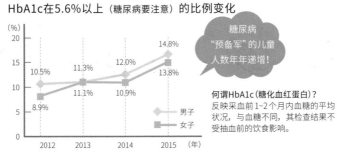

HbA1c在5.6%以上（糖尿病要注意）的比例变化

糖尿病"预备军"的儿童人数年年递增！

何谓HbA1c(糖化血红蛋白)？
反映采血前1~2个月内血糖的平均状况，与血糖不同，其检查结果不受抽血前的饮食影响。

日本香川县小儿生活习惯病预防健康诊断结果概要 调查对象：小学四年级学生

金钱买不到！因优质饮食而增值的"健康存款"

高血糖、尿酸异常、高血压、脂质代谢异常等生活习惯病，都是因为日常中一些看似不经意的习惯日积月累造成的。一旦得了这些病，不仅很难痊愈，还容易引发更多诸如心脏病、中风，甚至癌症等更严重的疾病。

很多妈妈们读到这里，可能心里都会有点害怕了吧！其实预防生活习惯病一点都不难，只要调整饮食就可以。就像我在前文中一再强调的，一日三餐保证适量均衡的健康营养饮食。

话虽这么说，一些妈妈们或许还是觉得操作起来有难度。但是，只有身体健康，孩子在未来才能在事业上有所成就，过上自己想要的生活，拥有有意义的人生。优质的饮食就好比是未来的一笔"健康存款"，这样打比方，大家就能体会其中的价值了吧？

可以毫不夸张地说，是否选择了身体真正需要的饮食，将左右人的一生。

注：①由不良的生活习惯所造成的亚健康状态以及相关疾病：像肥胖、糖尿病、高血压、动脉硬化、过敏、体寒、抑郁等。

吃法档案

13 现在不控制血糖，会影响将来的
受孕能力

从现在开始，打造易孕体质

近年来，因为想要生孩子，而开始改变饮食习惯、规律生活的女性正在逐渐增多。拥有健康易孕的体质，才能顺利地怀孕，生下健康的宝宝，成为一位健康的妈妈，而饮食在其中起到的作用相当大。

女性在怀孕、分娩过程中流失的骨质、需要的铁元素，会在少年时期达到贮藏的最高峰！很多女性怀孕后，会因为体内铁元素供应不足而导致孕期贫血或胎儿贫血，而钙质不足会使得骨密度降低，容易出现产后腰椎骨折的情况。

女孩子不应该等结婚后才做当妈妈的准备，而应该从小就打好身体的基础。

读到这里，看上去男性似乎和怀孕没有什么关系，但实际上，男性提供的精子对受孕也同等重要。为了将来能给伴侣提供质量上乘的精子，避免不孕不育，男孩子从小也需要营养均衡的饮食，打造健康的体魄。

血糖标准（成年人）

空腹时	109 mg/dl 以下	正常
用餐后	139 mg/dl 以下	
空腹时	110 ～ 125 mg/dl	需要注意
用餐后	140 ～ 200 mg/dl	
空腹时	126 mg/dl 以上	需要就医
用餐后	200 mg/dl 以上	

糖尿病"预备军"！

疑似糖尿病患者！

注：正常人一天当中的血糖会在70~130 mg/dl 之间波动，空腹与用餐后会有巨大差异。

58

"糖化"会使卵巢功能下降

最近，卵子老化、不孕症的现象在不断增加，成了社会普遍问题。不孕症的主要原因之一——排卵障碍，其实与血糖有着密不可分的关系。

你有没有听说过"糖化"这个词？洋葱炒制过后会变棕色，因为洋葱中含有的糖分与蛋白质经由加热而结合，生成一种褐色物质。血糖如果长期处于较高水平，机体内部也会出现糖化现象。

用餐后，如果血糖超过 150mg/dl，血液中的糖就会与体内的蛋白质发生"糖化"反应，产生可怕的物质——AGEs（晚期糖基化终末产物）。AGEs 一旦在卵巢的卵泡液当中堆积，透明的卵泡液就会变成褐色，卵巢功能也会随之降低。

AGEs 一旦在体内堆积后就无法去除。对家长们而言，糖化会使肌肤丧失透明感与弹性，显得暗沉无光，是皮肤老化的最大敌人！所以，如果想为了孩子做个健康的爸爸妈妈的话，请尽可能避免过多地摄入糖分，预防过度糖化。

14

碳水化合物并非敌人！
不摄入碳水化合物很危险！！

孩子不摄入碳水化合物，就会发育不良

碳水化合物（糖类）摄入过多会引发糖尿病、加快衰老。听了这些之后，大家都开始惶恐不安了。于是，很多人决定不吃碳水化合物，将主食从餐桌上剔除，这样的做法并不可取。

人体为降低血糖，会分泌一种叫"胰岛素"的激素。而我们亚洲人分泌胰岛素的量只有欧美人的一半，所以在发胖前，往往就会出现糖尿病的病症。但不是说因为这个原因，我们就不吃米饭、面包、面条等碳水化合物了。

碳水化合物中主要含有糖类和膳食纤维。糖类经过分解，转化为葡萄糖，为身体内的细胞提供能量。换句话说，我们要生存下去，就离不开葡萄糖。如果处于生长发育的孩子不吃主食，那必然会导致能量不足。

能量不足会出现怎样的后果呢？本来为增强肌肉、骨质而摄入的蛋白质不得不被机体分解，作为能量使用，反而会降低其利用效率。而

糖类的选择方法

✕	果葡糖浆	容易导致糖尿病、糖化（→ P59），尽量不要摄入。
△	人工甜味剂（糖精）	可能引起肥胖、糖尿病，尽量少摄入。
△	绵白糖、上白糖、黄砂糖	是 GI 很高的食材，食用量要控制。
○	黑糖、低聚糖、蜂蜜、枫糖浆	血糖的升高相对平缓，营养价值也很高，推荐替代白砂糖使用。

长期不吃主食，可能会导致生长发育不良。

除此之外，碳水化合物还是膳食纤维的供给源。人体消化吸收后剩下的"残留物"，会成为肠道细菌的食物。碳水化合物中难以消化的"抗性淀粉"以及膳食纤维，都是肠道细菌爱吃的食物，它们对益生菌的增加起着无可取代的作用。

最重要的是不吃糖！选择低 GI 的主食

碳水化合物并非健康大敌，问题出在过多摄入零食、果汁饮料等当中的砂糖或人工甜味剂。所以重要的不是不吃糖类（碳水化合物），而是不吃糖。

我们也不要不假思索地就不吃主食，调整我们的食物选择方式与摄入方式才是正道。比如想要防止血糖一下子升得太快，就不要吃那些精制的白色食物（白米饭、乌冬面、白面包），而选择 GI^①相对低的非精制的棕色食物（糙米、五谷杂粮、胚芽面包、荞麦面、全麦面粉）。

另外，食物中的膳食纤维能减缓糖类的吸收，所以我们也非常推荐吃饭时搭配蔬菜、菌菇、藻类等一起吃。

低GI的米饭

发芽糙米

杂粮米

金芽米^②

这些米饭比精制白米饭的 GI 要低，含有大量膳食纤维、维生素以及矿物质。

注：①反映食物引起人体血糖升高程度的指标，是人体进食后机体血糖生成的应答状况。
　　②介于糙米与精米之间的一种半精制米，保留了大米中口味鲜美的亚糊粉层与胚芽基底部营养丰富的"金芽"。

吃法档案 15

分清哪些是"好脂肪"，
哪些是"坏脂肪"

要警惕反式脂肪酸、肥肉脂肪、乳脂肪！

我们每天从膳食中摄取了多少脂肪呢？芝麻油、橄榄油等所有植物油，脂肪含量都是 100%，人造黄油、黄油则含 80% 脂肪，沙拉酱的脂肪含量大约为 75%。除了这些，乳制品中的鲜奶油、奶油奶酪则含有大量乳脂肪，而肉类的肥肉、皮，都是满满的脂肪。

构成脂类的脂肪酸有很多种，其中不乏一些对机体不利的脂肪酸。尤其希望家长们警惕"反式脂肪酸"。人造黄油、起酥油等人造脂类，以及用它们烤制而成的糕点，都含有大量反式脂肪酸，会引起低密度脂蛋白（DLD）胆固醇这种"坏胆固醇"偏高。如果持续大量摄入，会增加罹患动脉硬化、排卵障碍等疾病的风险。

肥肉和奶油、黄油所含的乳脂肪中含有大量饱和脂肪酸，如果摄入过量，也会导致肥胖、生活习惯病。如果经常吃炸猪排、炸鸡、放了

推荐食用的油VS要远离的油

✕	人造黄油、起酥油、沙拉酱	反式脂肪酸摄入过多对身体不利，要选择不含反式脂肪酸的油。
▲	黄油、鲜奶油、奶油奶酪	含有大量饱和脂肪酸，会使血液黏稠，需要控制摄入量。
▲	市售的油炸食物	油炸食物放久了会氧化，相比之下煎烤的食物会好一些。
○	如果要加热，可以选用橄榄油	具有很强的抗氧化性，能降低胆固醇。
○	如果不需要加热，可以选用亚麻籽油、紫苏籽油	含有对身体有益的 ω-3 脂肪酸。

很多沙拉酱的沙拉、薯片、鲜奶油蛋糕等，那一定就摄入了过多的脂肪！

油炸食物每周摄入不能超过 3 次。市售的油炸食品等都含有大量氧化油脂，不推荐食用。

对大脑与身体有益的是 ω-3 脂肪酸

有一部分植物油、鱼、坚果内，含有大量的不饱和脂肪酸，能对机体产生积极影响。这就是最近几年成为热门话题的 ω-3 脂肪酸。该营养素对处于生长发育阶段的孩子的视力、大脑、骨骼发育都能起到促进作用，同时还能有效预防过敏。另外，它还能缓解情绪波动，分解中性脂肪，所以对缓解妈妈的焦虑、减小爸爸的啤酒肚，都有功效。

ω-3 脂肪酸是人体无法自行合成的必需脂肪酸，所以在饮食上要有意识地摄入一些。

除了鱼肉中富含的 DHA、EPA，亚麻籽油、紫苏籽油、核桃等坚果中含有的 α-亚麻酸，也属于 ω-3 脂肪酸的一种。由于亚麻籽油、紫苏籽油容易被氧化，所以请不要加热它们，应直接淋在沙拉或蔬果汁上食用。

坚果类会引起食物过敏，要当心！

虽然坚果类的营养价值很高，但在婴幼儿时期，它属于容易引起过敏的一种食物。种子中储蓄的蛋白质具有很强的过敏性，加上坚果一般要经过烘烤工艺，更增强了其过敏性。第一次给孩子吃坚果时，一定要少量，确认没有过敏反应之后，再慢慢增加食用量。

16

想吃得健康又有营养，可以借鉴日本料理的搭配

日本料理可以补充有益身体健康的脂类和各类营养元素

米饭、面包、面条，选择哪种主食，才能补充对身体有益的脂类呢？

答案非常肯定，那就是米饭！日本料理包括主食米饭和三菜一汤，我们不仅能从中补充到鱼肉的 DHA、大豆的卵磷脂等能够促进大脑发育的健康脂类，蔬菜、藻类、菌菇、芋薯类等提供的营养元素也相当齐全。除此之外，纳豆、味噌、木鱼花等发酵食品在日料中也很常见，它们能自然而然地帮助我们调整肠道环境。

而假如我们把面包作为主食，必然需要搭配到人造黄油、沙拉酱等食材，但这些食材都容易导致肥胖。如果把小麦（面包、乌冬面、意大利面等）当主食，可能会导致碳水化合物摄入过多，更不能像日料那样，补充到各种不同的营养元素。

越来越多的人会问，日料对健康有好处吗？我想告诉他们的是，如果想要吃得健康又有营养，建议可以多多借鉴日料的搭配。每天至少一顿的主食是米饭，理想状况是两顿都吃米饭。

米饭做主食的三菜一汤

煮南瓜

鱼肉饼

番茄配
小沙丁鱼

味噌汤

米饭

三菜一汤看起来工作量很大，其实只需要蔬菜和一些干货，就能做一道味道不错的味噌汤。不需花费太多功夫，就能轻松做到营养丰富！

用"鲜味"刺激大脑，就不会发胖

糖、油脂、鲜味都会促使大脑分泌激素，从而让人产生愉悦感。如果持续摄入，大脑就会表现出更强烈的渴望，进而产生对某种食物的依赖。

虽然糖和油脂都是非常重要的能量来源，但如果过度摄入，持续刺激大脑产生愉悦感的话，就无法克制自己停下来，不仅容易肥胖，还有可能患上其他生活习惯病。

而日本料理恰好包含了很多"鲜味"。鲜味中富含人体必需的氨基酸，不仅味道鲜美，营养丰富，还不容易让人发胖。趁孩子还小的时候，让他的味蕾品尝到鲜味带来的食物之美味，是尤为重要的事情！

当孩子成年之后，每逢身体疲累、精神压力巨大的时候，是会本能地寻找各种甜食，还是会狼吞虎咽地啃着炸鸡，或者喝一碗鲜香可口的味噌汤，让自己的身心得到舒缓。他的味蕾会如何选择，全要看父母当年的引导。

煮出鲜美可口的汤汁！

制作方法简单，鱼肉营养满满
小沙丁鱼干汤汁

用小沙丁鱼加工而成的小沙丁鱼干，富含 DHA、钙、维生素 D，是营养价值非常高的食材。用它熬制的汤汁，营养丰富，且可灵活运用在各种菜式中。可以把鱼头、鱼肠去除，这样不习惯苦味的人也能吃了。事前的准备工作，不妨让孩子帮着一起做！用沙丁鱼干熬制出味道纯正的汤汁，再加入根茎类蔬菜、红薯、南瓜、猪肉、油豆腐等熬制的味噌汤，搭配起来味道好极了。

小沙丁鱼干汤汁的煮制方法

材料（4人份）
小沙丁鱼干……10g（不含鱼头和鱼肠）
水……3.5杯

煮沸后，鲜味很快就能出来！

1 煮沸后冷却
在锅中倒入水和小沙丁鱼干，中火加热，待煮沸后关火，放置一边自然冷却。

2 小沙丁鱼干可以直接食用
小沙丁鱼干煮出汤汁后，可以取出，也可以当作配菜直接食用，充分补充钙质。

味噌汤出锅啦!

萝卜油豆腐味噌汤

材料（4人份）
萝卜……150g
油豆腐……1块
小沙丁鱼干汤汁（请参考左页）
……1次的量
味噌……2大匙以内

制作方法
1. 把萝卜、油豆腐切成长方形薄片。
2. 在盛有小沙丁鱼干汤汁的锅中倒入1，中火加热，待水煮沸后，用小火炖10~15分钟。
3. 倒入味噌。尝尝味道，根据个人喜好适当添加味噌或酱油（材料外）调味。

── 保存方法 ──

去除鱼头和鱼肠

放入瓶中冷藏保存

小沙丁鱼干的鱼头和鱼肠（黑色部分）带有腥味和苦味，需要将这两个部分去除。稍大一点的鱼干，可以沿着鱼身中部的脊柱切开，鱼肉的鲜味更容易煮出来。

小沙丁鱼干在常温状态下容易被氧化，请放入瓶子或密封容器内，冷藏保存。

巧妙组合，鲜上加鲜
海带+木鱼花汤汁

木鱼花汤汁中的必需氨基酸和必需脂肪酸含量丰富，能促进血液循环，帮助缓解疲劳。海带中的谷氨酸，搭配木鱼花中的肌苷酸，能使鲜味翻倍。这是日料中常见的汤汁，但由于海带中含有很多碘元素，请勿食用过多。在汤中加海带，可以控制在每周一次的程度。

海带+木鱼花汤汁的煮制方法

材料（4人份）
木鱼花汤汁包……1个
海带……10cm
水……3.5杯

> 即使前一天晚上没有提前浸泡海带，用的时候只要在锅中煮沸，鲜味就出来了！

1 煮制海带汤汁

在锅中倒入水和海带，小火加热，待水快要煮沸前，将火关闭，放置10分钟后捞出海带。

2 煮制木鱼花汤汁

再次开火煮沸，加入木鱼花汤汁包，小火慢煮2~3分钟后关火，将汤汁包取出来。

味噌汤出锅啦!

滑子菇豆腐味噌汤

材料（4人份）
滑子菇……1袋
冻豆腐（切成细长条）……1/4盒
小葱……3根
海带+木鱼花汤汁（请参考左页）
……1次的量
味噌……2大匙以内

制作方法
1. 在海带+木鱼花汤汁的锅中，
   倒入滑子菇、冻豆腐、味噌，
   开火加热。
2. 煮沸后，撒上切好的3cm长的
   小葱。尝尝味道，根据个人喜
   好适当添加味噌或酱油（材料
   外）调味。

─── 保存方法 ───

切成方便制作的大小
常温保存

切分成10cm 长（1次
的量），使用起来很方
便。存放在密封容器
中，常温保存即可。

事先做好"汤汁包"

买一些无纺布小包，
倒入10g 木鱼花。装
入拉链式保鲜袋中，
冷藏保存。

一碗拉面的盐分，
超过1天所需的量

运用汤汁的日本料理，是"控盐"的捷径

孩子容易摄入过多的，不单单是油脂和糖，还有盐分——这也是家长需要警惕的一个问题。

食盐中包含的钠元素与钾元素共同协作，调节体内的水分和矿物质平衡。正常饮食一般不会引起盐分不足，我们需要关注的反而是摄入过剩。钠元素通过肾脏代谢，以尿液的形式排出体外，而婴幼儿由于肾功能还没发育成熟，排泄尚不能正常进行，所以我们要尤其注意婴幼儿不能摄入过多盐分。

> 宝宝1岁以前不能吃盐，1岁以后吃的食物里，放盐量是成人的一半。成年男性每日的盐分需求为8.0g以内，女性为7.0g以内。

孩子们都喜欢吃外面的面条、面包，但这些食物自身多半都含盐，而面条的汤水、面包上涂抹的黄油，也都含盐，所以很有可能会导致盐分摄入过多。如果连同整碗面汤都喝光，那摄入的盐分就超过1天需要的总量了！

吃主食为米饭的日本料理，控制盐、酱油、味噌等调味品的量，能有效减少盐分的摄入量。汤汁中的鲜味、柠檬或醋中的酸味，这些味

钾含量丰富的食材（每100g食材的钾含量）

毛豆……590mg
红薯（带皮）……380mg
香蕉……360mg
网纹瓜……340mg
干制裙带菜（晾干·复水）
……260mg

纳豆……660mg　　　菠菜（生）……690mg　　牛油果……720mg

道可以弥补调味上的不足。

除此之外，蔬菜、水果、红薯、大豆、藻类等食材含有丰富的钾元素，能帮助盐分排出体外，如果觉得菜中的盐放多了，可以适当加一些上述食材。

加工食品、在外就餐，盐分摄入容易过剩！注意不要吃太多！

很多妈妈心里都明白还是家里做的食物更好，可往往因为各种原因，比如工作太忙没空做、不会做菜、孩子更喜欢外面的食品，最终选择加工食品，或者到外面就餐。

这可能也是万不得已，但还是希望家长们能够充分地认识到无论是加工食品，还是在外就餐，店家为了延长保鲜时间，都会在食物里加很多的盐。所以，购买加工食品时，记得养成确认盐分含量的习惯。在外就餐时，面汤不要喝光，沙拉上的沙拉酱、油炸食物的蘸酱、寿司的酱油，食用时都要适量。

> 食品的营养成分表上，会标识出食盐相对含量，或钠含量。如果只有钠含量，我们可以把它换算成食盐的相对含量。

为了家人的健康，饮食生活请注意控盐！成年人通过控制盐分的摄入，能预防身体浮肿、高血压、动脉硬化等疾病。

隐藏的盐分

钠和食盐的换算公式

钠（mg）×2.54÷1000=食盐相对含量（g）

●营养成分表上显示钠600mg
600×2.54/1000= 食盐约1.5g
●营养成分表上显示钠2.3g
2300×2.54/1000= 食盐约5.8g

吃法档案 18

"普通却优质的食材" 营养多多

厨房不可缺少的优质食材，事先在家存放一些

一边要上班，一边还要照顾家中尚且年幼的孩子，忙得晕头转向，根本没空逛超市，所以家里可能会出现食材不够的情况。这时候，能为我们增加营养的，要数干货和罐头食品了。

在后文 P74~75 中，罗列了一些看似寻常普通却容易被埋没在货架上的食材，其实这些干货和罐头食品富含必需氨基酸、必需脂肪酸、铁、钙等物质，都是非常优质的食材。它们很耐放不易变质，事先在家里储存一些，随时备用。

能搭配餐食，还能当作点心，补充营养

制作简单且营养丰富的食材，要放到厨房的某个固定位置，保证能在其有效期限内食用完毕。

看似平凡普通……

木鱼花、海苔、小鱼干、樱花虾、芝麻等，可以做凉拌豆腐的点缀。同时，它们还能当作凉拌菜、汤、饭团、炒饭、炒面等的配菜，补充营养。

金枪鱼罐头、混合豆子、坚果与蔬菜沙拉搭配再合适不过，营养价值一下子提高不少。梅脯和坚果，还可以当点心吃。

当味噌汤里的食材比较少时，可以把干裙带菜、冻豆腐直接加进去。切成条状或薄片的冻豆腐，适合孩子们吃，制作起来也很方便。

萝卜干煮着吃需要费一些时间，有些人会嫌麻烦，我们可以先把萝卜干泡开，用刀切成小块，直接当小菜用，加到沙拉、凉拌菜里，也可以混在煎鸡蛋中，或者放入味噌汤中，增加口感与嚼劲。

干货经历过阳光干燥这一个神奇的过程。比如冻豆腐经过干燥后，豆腐中的营养得到了浓缩，蛋白质、钙、铁、膳食纤维等营养元素含量特别高，属于一款超级食物。萝卜干与新鲜萝卜相比，钾、钙、铁等矿物质的含量也更高。

上述食物大多极具鲜味，用到菜肴当中，能减少调味料的使用，还能有效控盐。和孩子一起，多吃一些吧！

实则很厉害哦！

在家储存一些"营养精华"！

营养价值高且易保存的干货、罐头食品，建议买一些放在家中。

没太多时间做菜时，它们能为你的营养加分。

1 木鱼花
DHA的供给源！
富含氨基酸，还能
缓解焦躁情绪

2 小杂鱼干
从头到尾都能吃的小
杂鱼干，补充钙质与
维生素D！

3 樱花虾
钙含量丰富！
买虾米也ok

4 海苔
矿物质宝库！
恰当运用海苔的风味，
能减少用盐量

5 干裙带菜
含有促进肠道蠕动的膳食纤
维，以及铁、钙等矿物质！
干燥的裙带菜用起来很方便

6 芝麻
富含必需脂肪酸
抗氧化成分，能
高免疫力

营养 UP 的饭团

材料(4个份)
热乎乎的米饭……350g
盐……1/4小匙
Ⓐ 樱花虾、小杂鱼干……各1大匙
　　炒白芝麻……1大匙
　　木鱼花……1袋(3g)
海苔……适量

制作方法
1. 在米饭上撒上盐，加入Ⓐ
混合搅拌。
2. 分成4等份，用保鲜膜包
裹着捏成三角形，最后在
饭团外包上海苔即可。

74

推荐购买的10种食材

可以加到米饭、味噌汤、凉拌菜里，时刻准备着！

7 冻豆腐

低脂肪，蛋白质含量却非常丰富！营养价值超高

8 切条萝卜干

由于经过日晒，相比生萝卜，矿物质与膳食纤维得到进一步浓缩！

若想摄入更多的蛋白质，可选用罐头包装的

金枪鱼

优质蛋白质和DHA，都能轻松获取

混合豆子

豆类富含钾元素，还含有B族维生素

9 坚果

包含有益大脑与身体的脂肪酸，同时还含有抗衰老成分！但注意不要食用过量

10 西梅干

富含预防贫血的铁元素，钾元素很高，能有效地将体内多余的盐分排出

—— 保存方法 ——

这里介绍的食材，除了小杂鱼干，都可以常温保存。小杂鱼干属于半干燥食品，建议冷藏或冷冻保存。

营养UP的鸡蛋煎饼

材料 （4次份）
鸡蛋……4个
切条萝卜干……30g
酱油……1大匙
淀粉……1大匙
Ⓐ 小杂鱼干……3~4大匙
　 姜汁……1小匙
　 小葱末……1/2根
芝麻油……2大匙

制作方法
1. 用清水快速冲洗萝卜干，沥干，切成小块。
2. 在耐热容器内倒入1和半杯水，封上保鲜膜，微波炉加热4分钟，倒入酱油搅拌均匀。
3. 取一只碗，倒入淀粉与相同量的水，再加入鸡蛋、2、Ⓐ，混合均匀。
4. 将芝麻油倒入直径约20cm的平底锅中，中火加热，用筷子一边搅拌，一边慢慢倒入锅中，半熟后盖上锅盖，小火煎1~2分钟，两面煎至鸡蛋焦黄即可。

吃法档案

19

想变瘦、节食，这些都很危险！

想要变苗条，最后导致越来越不健康

在日本，女子学校的初中生、高中生中，大约有 80% 的人都想要变苗条。其中半数都有过节食减肥的经历。这些孩子的父母，多半也觉得自己的孩子比其他同龄的孩子要胖。但我们建议家长们不要将自己的孩子与别人家的孩子比较，而应该了解自己孩子的生长曲线，了解孩子的正常体重范围。

有报告称，某些女高中生早餐只吃两块饼干，这是多么令人吃惊！姑且不提摄入量太少的问题，饼干属于零食，这样吃很容易造成营养不良，导致体质变差。事实也证明，孩子因为减肥，导致骨密度低下、月经不调或贫血的案例比比皆是。

贫血严重后，会引起食欲不振，只吃少量食物就感到满足。同时，

头晕乏力的症状会愈加严重，内分泌紊乱，基础代谢也会下降。而机体为了保温，需要将少量营养转化成脂肪储存起来，故而贫血的女生外表看起来很瘦，体脂率却很高。

饮食并非减肥的敌人！

女性想要变漂亮，就需要从食物中摄取各种营养。饮食并非减肥的敌人，光靠不吃东西来减肥，无论是肌肉、骨骼、体温、基础代谢、内分泌，还是头发、皮肤弹性、卵巢功能，都会出现问题。

食物并不会使女性变胖，而会让女性变得更美丽，更有活力，更显年轻。希望家长们能告诉孩子，不吃东西，反而会失去健康与美丽。

假如孩子还是在意自己的身材，我们可以从食物内容上进行调整，结合运动来瘦身，而不是通过单纯的不吃东西来变瘦。

妈妈们也不要光考虑给孩子减少热量和碳水化合物的摄入，从现在开始，想想如何让孩子从食物中获取营养。这样不仅对孩子的健康有很大益处，还能有效帮助妈妈们对抗衰老。

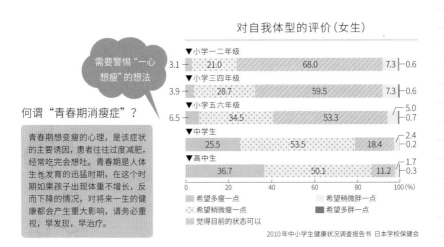

需要警惕"一心想瘦"的想法

何谓"青春期消瘦症"？

青春期想变瘦的心理，是该症状的主要诱因，患者往往过度减肥，经常吃完会想吐。青春期是人体生长发育的迅猛时期，在这个时期如果孩子出现体重不增长，反而下降的情况，对将来一生的健康都会产生重大影响，请务必重视，早发现，早治疗。

对自我体型的评价（女生）

▼小学一二年级
3.1　21.0　68.0　7.3　0.6
▼小学三四年级
3.9　28.7　59.5　7.3　0.6
▼小学五六年级
6.5　34.5　53.3　5.0　0.7
▼中学生
25.5　53.5　18.4　2.4　0.2
▼高中生
36.7　50.1　11.2　1.7　0.3

0　20　40　60　80　100 (%)

■ 希望多瘦一点　　▨ 希望稍微胖一点
⋯ 希望稍微瘦一点　　■ 希望多胖一点
▨ 觉得目前的状态可以

2010年中小学生健康状况调查报告书 日本学校保健会

吃法档案 **20**

倦怠、焦躁，都是自主神经失调引起的

自主神经失调，导致机体各种功能障碍

越来越多的孩子从小学高年级开始就出现倦怠、易疲累、头痛、焦虑、精神不集中、失眠、容易感冒等症状。仿佛这些孩子们已经是操劳过度的中老年人了。

这种现象的根源，不仅来自学校、补习班的学业压力，朋友之间的人际关系等压力，还包括睡眠、饮食生活的不规律。这些都会导致自主神经失调。不管是学业，还是运动、课外活动等方面，现代小孩都背负着家长们的无限期待，所以每天的日程都排得满满当当，学习、生活都忙忙碌碌。然而家长往往忽略了这样一个问题：他们所吃的食物，是否能应对如此大的活动量与心理压力呢？

活力的来源是必需氨基酸（蛋白质）

人要有活力，一定要保证食物的摄入量必须充足，才能有足够的

"最近经常有这种感受"的回答率
十大最糟糕感受

过敏	66.0%
驼背	65.6%
身体柔韧性变差	60.4%
容易感到疲累	59.0%
对某个事物上瘾	58.1%
上课时无法集中精力	56.7%
视力变差	56.1%
有自闭倾向	50.4%
脖子、肩膀的肌肉僵硬	48.2%
休息日之后身体状况不佳	45.1%
肚子疼、头疼	45.1%

最近的小学生和大人一样过劳、压力大了吗!?

来自教育者的关于孩子们"身体问题"的感受：《孩子们的身体调查2015》

能量来支持机体的各种活动。在后文第二章中，我们会根据不同年龄段罗列出相应的每日膳食摄入量，请大家检查看看，自己家的孩子是否达到了标准。

在上述基础上，为了维持自主神经运作正常，大脑必须充分分泌神经传递物质（神经递质）。要想心情愉悦，血清素必不可少；希望做事有干劲，就不能缺多巴胺。白天大量分泌血清素，能促进机体到夜晚分泌睡眠激素褪黑素。血清素和多巴胺这两种神经递质都由必需氨基酸组成，所以通过饮食摄取的必需氨基酸的量，会影响干劲、注意力以及睡眠质量。

自主神经由交感神经（紧张状态时活动）与副交感神经（放松状态下活动）相互平衡制约作用。睡眠期间，副交感神经活动增强，处于主导地位，此时血压降低、心跳减慢、血糖降低。换句话说，想要调节自身的自主神经功能，最重要的是确保良好的睡眠！

假如孩子因为补课晚饭吃晚了，记得傍晚给孩子先补充一些食物。回到家后要控制油脂高的食物的摄入量，尽量吃一些容易消化的食物，比如菜粥、蛋汤等。肠胃消化顺畅，就能睡得香，第二天早上也就能朝气勃勃地吃早餐了。

如何调节自主神经？

摄入必需氨基酸(蛋白质)

大脑分泌的激素能调节自主神经，这些激素由必需氨基酸组成。所以我们要充分补充优质蛋白质，多吃肉类、鱼类、鸡蛋、乳制品、豆制品等。

早晨晒晒太阳

早晨晒晒太阳，就能促进机体分泌"幸福激素"血清素、"活力激素"多巴胺。早起沐浴阳光的习惯能有效安定心神！

夜晚使用柔和的灯光

早上机体分泌血清素，14个小时后，机体会分泌促进睡眠的激素褪黑素，这个时候如果人处于强烈的光线或蓝光下，会阻碍褪黑素的分泌。日落后，请尽量避免荧光灯的照射，把家里的照明光调至橙色。

有规律地运动

有规律地坚持健走、广播操等运动，能促进大脑激素的分泌。每天有规律地运动10~30分钟是非常重要的。

吃法档案

21

不吃早饭，会对大脑造成损伤

睡眠时我们的大脑也在工作，到了早晨大脑的能量已经不足

早中晚三餐中，对身体影响最大的是一天当中的第一餐——早餐。大脑在睡眠过程中消耗由碳水化合物转化而来的葡萄糖，一觉醒来，早已将能量消耗殆尽。如果早餐没有补充葡萄糖，大脑便会出现低血糖，注意力无法集中，情绪容易焦躁。

吃过早饭后，睡觉时降低的体温会升高，机体从困倦中醒来，同时，血糖上升，确保大脑能量的供给，于是无论心理还是生理，都能健健康康一整天。

早中晚三餐都规律进食，还能使一天的血糖都处于稳定状态。如果一天只吃两顿，一旦突然进食，血糖会急剧上升，随后急剧下降。这样一来机体容易产生困意、疲累，学习效率就会变差，成绩当然无法提高。

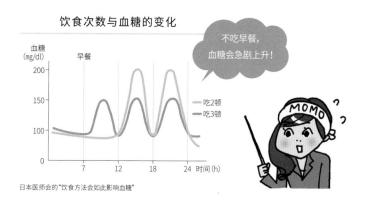

饮食次数与血糖的变化

血糖 (mg/dl)

早餐

不吃早餐，血糖会急剧上升！

200

150

吃2顿
吃3顿

100

0

7　12　18　24　时间(h)

日本医师会的"饮食方法会如此影响血糖"

早餐一定要补充蛋白质

如今，很多幼儿园、小学都在开展"早睡早起吃早饭"的活动，越来越多的家庭也开始重视家长自己和孩子的早餐了。

不过问题也随之而来，那就是早餐究竟吃什么好。要保证上午的注意力集中，就需要碳水化合物（米饭或面包）、蛋白质、维生素、矿物质等营养物质。其中，早餐尤其需要补充的是蛋白质，它能促进能量代谢、提高体温、强健肌肉、预防贫血。孩子们往往容易贫血，而早晨是一天中铁元素吸收率最高的时间段！早餐补充蛋白质，三文鱼是不二之选。除了三文鱼，鸡蛋、酸奶、芝士等食物，同样能迅速为我们补充蛋白质，可以搭配食用。

另外，如果没有养成早睡早起的习惯，早上容易没有食欲。这是因为晚上如果看电视看到很晚，肚子就容易饿，于是一不留神吃了东西，入睡时间延后了，早晨又爬不起来，当然就没有胃口吃早餐了……如此恶性循环，最终会导致肥胖！家长一定要注意。

早餐易搭配的为我们补充蛋白质的食物

鸡蛋　　　　金枪鱼罐头　　　混合海鲜

酸奶　　　　芝士

早餐一大盘，多多补充蛋白质

早上，人体为了提高体温，集中注意力，都需要能量。
因此，我们必须摄入足量的蛋白质。
无论你是爱吃面包的面包派，还是爱吃米饭的米饭派，
只要在早餐中加入鸡蛋、鱼虾贝类等，
就能在忙碌的早晨，为身体补充充沛的营养。

加入满满的蔬菜
变硬的面包也能美味复活

意式文蛤蔬菜汤面包

面包派

材料（4人份）
法式长棍面包或全麦面包……适量
洋葱……1/2个
胡萝卜……1根
土豆……1个
卷心菜……1/4个
西蓝花……80g
圣女果……5个
水煮文蛤罐头……1罐
盐……1/2小匙

制作方法
1. 将洋葱、胡萝卜、土豆、卷心菜，全部切成1cm见方的丁状。
2. 在锅中加入5杯水，开火加热，将1依次放入锅中，最后加入文蛤罐头（包括汁水）和盐，煮沸后转小火炖20~30分钟。
3. 将圣女果横切成两半，西蓝花切成小朵状。面包则切成适合一口吃下的大小。
4. 把3加入2中，煮2~3分钟后，盛入碗中，可根据个人喜好加入芝士粉，大人可以再撒上一些粗磨黑胡椒。

• • • • • • • • • • • •
memo
前一天准备到制作方法的第2
步，当天早上只需收尾工作即
可。汤汁如果有余，可以加入
豆腐或番茄汁来变换口味。

用厚切吐司做法式派的面底！
鸡蛋、沙丁鱼、蔬菜，强化营养

法式派风味吐司

材料（4人份）

吐司面包……2片

A 鸡蛋……1个
  牛奶……1/4杯
  盐……少许

小沙丁鱼干……30g

煮熟的西蓝花(小朵状)……50g

圣女果……3个

比萨用芝士……50g

制作方法

1. 在面包皮内侧，用小刀切出一个小方形（底部不要切穿），小方形面包块揉碎后压进面包内侧。同时将A混合搅拌。

2. 将小沙丁鱼、西蓝花、对半切开的圣女果放到面包内侧，浇上混合好的A，撒少许芝士。在烤箱中烤制8~10分钟即可。

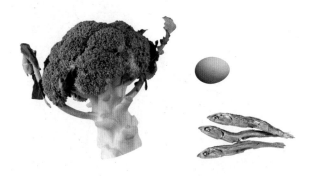

memo

小沙丁鱼干可用三文鱼片或
牛肉糜（→P28）替代。蔬
菜改用煮熟的菠菜、南瓜，
味道也很棒！

85

memo

鸡蛋液分两次倒入锅中，可以产生润滑的半熟口感。制作这道鸡蛋盖饭不需要很长的烹饪时间，适合匆忙的早晨。

用家里的蔬菜&金枪鱼，做鸡蛋盖浇饭！
米饭也大快朵颐

金枪鱼鸡蛋盖饭

材料（2人份）

热米饭……2碗
金枪鱼罐头……1/2小罐（约40g）
洋葱……1/4个
豌豆……3根
鸡蛋……3个
Ⓐ 汤底……1/2杯
　　酱油……2大匙
　　白砂糖……1小匙
　　料酒……1大匙

制作方法

1. 将洋葱切成薄片。豌豆去掉茎，切成1cm长。
2. 在直径20cm的平底锅中倒入Ⓐ和洋葱，中火加热，煮熟后倒入豌豆、金枪鱼罐头及其中的汁水。
3. 鸡蛋打散，将一半鸡蛋液倒入2中翻炒，然后把剩下的另一半鸡蛋液倒入，直接关火，盖上锅盖焖1分钟左右。
4. 在碗中盛入米饭，把3盖到米饭上，可根据个人喜好加上红生姜丝或切丝海苔。

memo
还可以加入樱花虾、小杂鱼干、芝麻、葱末等食材。如果时间不够充裕,鸡蛋直接和米饭一起炒也没有问题。

把家里有的蔬菜切丁做食材!
金枪鱼和鸡蛋用来补充蛋白质

剩菜炒饭

材料(2人份)
热米饭……2碗
蔬菜(胡萝卜、香菇、青椒等)
……共150g
金枪鱼罐头……1小罐(约80g)
鸡蛋……2个
鸡骨浓汤……1小匙
酱油……1小匙

制作方法
1. 所有蔬菜都切成丁(如果使用料理机会更方便)。
2. 平底锅中倒入1、金枪鱼罐头及其中的汁水,中火慢炒。待蔬菜有点干软后,加入鸡骨浓汤、米饭后继续翻炒,放入酱油调味后盛入碗中。
3. 在平底锅中倒入少许油(在列表食材之外),待油热后打入鸡蛋,煎好后盖到2上。

我家孩子的早餐大公开

大家都在吃什么呢?!

根据当天的心情、食欲和喜好制作早餐,
主食可以是米饭,也可以是饭团、乌冬面、年糕……
这里收集的孩子们的早餐,都富含碳水化合物、蛋白质、维生素和矿物质。

小学2年级 男孩

- 面包 ●培根煎蛋
- 南瓜浓汤
- 柑橘 ●香蕉

🚩宇野医生的点评

在繁忙的早晨,能准备浓汤和水果,实在厉害。晚餐可以吃鱼肉、藻类、豆制品。

4岁&6岁 女孩

- 饭团 ●猪肉炒菌菇
- 四季豆拌芝麻 ●圣女果 ●梨
- 玉米 ●芜青芹菜汤

🚩宇野医生的点评

在孩子能吃下的分量内,准备多种菜品,是非常好的。颜色也丰富多彩,能促进孩子的食欲。

小学3年级 女孩

●吐司 ●火腿鸡蛋
●蔬菜沙拉或芝麻菜沙拉
●橘子汁 ●猕猴桃

🚩宇野医生的点评

　　酒店风格的早餐！家长还可以试着把鸡蛋和金枪鱼或菠菜一起炒，或试试鱼肉炒绿色和黄色蔬菜。

小学2年级 女孩

●饭团 ●煎鱼
●番茄 ●西蓝花

🚩宇野医生的点评

　　一个大盘子装下了各种营养元素！建议还可以增加一些蛋白质，比如乳制品、豆腐味噌汤等。

小学6年级 男孩

●烤年糕 ●鸡蛋卷
●加了裙带菜&菠菜的粉丝汤
●牛奶 ●葡萄

🚩宇野医生的点评

　　将年糕换成"黄豆粉年糕"或"纳豆年糕"，能补充蛋白质。对于小学6年级的男孩而言，这顿早餐少了点。

小学5年级 女孩

●鸡肉蔬菜乌冬面
●柿子

🚩宇野医生的点评

　　乌冬面里的盐分比较多，不过只要搭配富含钾元素的水果，就没有问题！如果再添加一些绿色和黄色蔬菜或藻类，更是会锦上添花。

吃法档案

22

吃得快的孩子，会错过咀嚼能力的发育

多咀嚼，能促进大脑和身体的发育

吃东西的时候细嚼慢咽，可以杜绝因食物堵在喉咙口而造成的窒息事故。除此之外，咀嚼对健康的益处也非常大。

细嚼慢咽会促使唾液大量分泌，进而帮助消化吸收，机体吸收了大量营养元素后，肠道环境也会同时得到改善。另外，细嚼慢咽还会刺激控制食欲的神经中枢，防止饮食过量和肥胖。大量分泌唾液还能预防龋齿，通过咀嚼，下颌得到发育，牙齿也会长得更漂亮。

还有一点希望大家注意，那就是咀嚼对大脑的影响也很大。研究表明，咀嚼会刺激大脑神经、活跃大脑、增强记忆力等。因此，咀嚼能力与智力发育有着千丝万缕的关联。锻炼下颌肌肉，还能促进大脑神经分泌血清素、多巴胺等激素。

细嚼慢咽的好处

预防肥胖

促进味觉发育

口齿清晰

促进大脑发育

预防牙齿相关的疾病

预防癌症

肠胃好

提高体能

这是日本咀嚼学会提出的。在古代，当人们还靠吃糙米、野果子为生时，咀嚼的次数大约是现代人的6倍！

没有父母的教育，孩子将无法习得咀嚼能力

咀嚼能力并非与生俱来，当孩子开始吃辅食的时候，家长就要有意识地引导孩子练习咀嚼，这样孩子才能真正习得这种能力。孩子到了幼儿期，乳牙发育完毕，6 岁到 12 岁又迎来换恒牙的时期，随后还会长出新的臼齿。希望广大家长朋友们在了解孩子的牙齿状态、咀嚼习惯的基础之上，给孩子提供适合他们咀嚼的食物，既要避免食物过软孩子不咀嚼，又要防止食物过硬孩子直接吞咽下去。

培养孩子的咀嚼能力，需要家长们的无限忍耐力，孩子的咀嚼习惯会伴随他们一生，所以说，立规矩也是对孩子的一种爱。当孩子早上匆匆忙忙吃得太快时，要提醒他们吃慢一点，嚼得碎一点；当孩子嘴里塞满食物时，要提醒他们减少一些量；当孩子吃饭期间跑来跑去时，要提醒他们坐下来认真吃饭……这样一遍一遍教导他们。

培养孩子自己咀嚼食物的欲望对于锻炼孩子的咀嚼能力也很重要。孩子更容易在和家人、朋友一起吃饭时，挑战他们不擅长的食物，以及学习细嚼慢咽。当他能正确吃饭时，记得要夸奖他，不断增强他好好吃饭的意识。

孩子不爱吃的食物排名

第 1 名　菌菇类

第 2 名　绿叶蔬菜（菠菜、小青菜等）

第 3 名　偏硬的肉

第 4 名　鱼骨多的鱼

第 5 名　水分较少的食物（南瓜、红薯等）

菌菇类在这个排行中占据榜首。除此之外，还对不容易嚼断的食物、难以下咽的食物等容易滞留在口腔中的食物进行了排名。还有些食物虽然不在此排行榜内，但也是孩子不爱吃的，比如番茄、柿子椒、苦瓜等。

日本主妇之友社 网上调查（调查对象：3~12岁孩子的妈妈，共244人）

吃法档案

23

吃得香，能促进味觉发育

经过经验的积累，会慢慢爱上酸味和苦味

舌头能感觉到的味道，包括甜味、鲜味、咸味、酸味和苦味这五种。人类最初喜欢这其中的三种味道，首先是提供能量的甜味，其次是能感觉到蛋白质（氨基酸）的鲜味，最后是对生命体非常重要、包含钠元素的咸味。

酸味和苦味，由于代表着食物腐败、未成熟或具有毒性，而被人们本能地嫌弃。孩子对味道的认知相对不足，常常容易觉得具备酸和苦这两种味道的食物不好吃，并讨厌吃。不过，我们要是给他们多尝尝不同口味的食物，开拓他们对味觉领域的认知，他们就会逐渐意识到酸味和苦味的美味之处。

要想促进孩子的味觉发育，创造良好的饮食氛围也很重要。饮食

本能地喜爱的味道
有甜味、鲜味、咸味

甜味

咸味　　　　　鲜味

苦味　　酸味　　味觉经验越多，越能
准确品尝出美味。

并不单纯靠舌头品尝，让人忍不住想伸筷子的色彩搭配、与众不同的外观、沁人心脾的香味、松脆的口感等，都属于饮食的一部分。通过五感的刺激，引导孩子想要尝试曾经不爱吃的食物，让他发现这个食物原来这么好吃，才能培养孩子品尝食物的能力。

家庭的吃饭模式，会影响孩子一生的饮食习惯

如今，很多家庭的餐桌文化都表现出了惊人的相似。饮食单一的家庭变得非常普遍，很多人都无法想象菜品丰富的餐桌会是什么样子。

"隐形贫穷"这个词，最近成了人们热议的话题。收入高并不代表饮食生活就丰富。越来越多的家庭偏向把花销的重心放在购房、孩子的教育上，花在饮食上的费用相对较少，或者大部分时间都在忙工作，没有宽裕的时间自己做饭，靠外卖和速食解决一日三餐。

饮食的优先地位，在每个家庭中会各有不同。然而，孩子在家中体验到的饮食生活，是他对饮食的所有印象。无论好坏，都将影响他一生的饮食习惯。

一家人欢聚在餐桌周围品尝美味佳肴的记忆，会一直在孩子的记忆中留存，变成温暖的回忆。无论是和家人，还是和朋友，希望能给孩子更多和大家欢聚在一起、品尝美食的经历，这样不仅能丰富孩子的人生，家长也会在品尝美食的过程中体会到更多。

吃法档案

24

开开心心吃饭，吸收率会提高

心情愉悦地吃饭，能够高效吸收营养

同样的食物，你会选择一个人默默地吃呢，还是与家人围坐在一起快乐地享用呢？

有些人可能会觉得，"反正是吃一样的食物，从营养角度来说，应该没区别吧？"

营养是一样，但吸收率却不同。边吃边交谈，快快乐乐地进餐，幸福的滋味会油然而生。于是，大脑会分泌快乐激素血清素，消化酶的活性也同时得到了增强，营养元素的消化吸收率自然就提高了。

根据日本的一项国民健康调查（2005年）显示，日本中小学生中，有40%的孩子是一个人吃早餐的。不仅是早餐，如今，一家人一起吃晚餐的比例也在逐年下降。

造成这种现象的原因不光是双职工家庭在增多，还有一部分原因是孩子们要忙于学习和补课，家人一起吃饭的机会就越来越少了。

吃饭吃得香，压力也能得到缓解

吃饭不单单是为了填饱肚子、摄取营养。和其他人一起愉快地吃饭、食物的美味以及因此获得的满足感，能缓解压力，放松心情。

具备"食物＝开心"这个条件反射的孩子，会喜欢上吃饭，并顺利培养出吃饭的热情，这也是生活能力的一个必备条件。数据显示，大多数十几岁便患上抑郁症的孩子，很少有与家人围坐在一起吃饭的经历。不能开心地吃饭，甚至会导致心理上的疾病。

和大人一样，孩子也会在生活当中感受到无形的压力。即使如此，只要他有吃饭的热情，能够感受到吃饭带来的幸福感，那么在一天当中，他便能获得三次减压的机会。吃饭是解压的特效药。

如果想让孩子具有坚强的意志，那么首先要做的就是让他每天都吃得开心、吃得香！就算再忙，至少周末要抽出空来，一家人围坐在一起吃饭，或者叫上朋友们来家里聚餐。希望家长们能多创造亲子聚餐的机会。

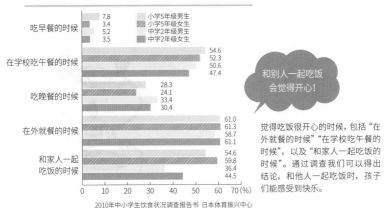

什么时候觉得吃饭是一件开心的事(可多选)

和别人一起吃饭会觉得开心！

觉得吃饭很开心的时候，包括"在外就餐的时候""在学校吃午餐的时候"，以及"和家人一起吃饭的时候"。通过调查我们可以得出结论，和他人一起吃饭时，孩子们能感受到快乐。

2010年中小学生饮食状况调查报告书 日本体育振兴中心

95

周末亲子一起做饭，
是提升厨艺的捷径

家长们小时候有没有做过帮厨？

有数据显示，小时候和父母一起做过饭的孩子，长大后自己下厨的概率会大大增加。

但调查了当下 20~30 岁的家长后发现，很大一部分家长都从外面买现成的食物给孩子吃。换句话说，家长们现在都不怎么做饭了。我们当然也理解职场妈妈的辛苦，但还是希望不要因为这个原因而影响到孩子，更不能因此导致孩子出现营养方面的问题。

日本的一些地方调查显示，"孩子的营养状况正在恶化""暑假结束后很多孩子都瘦了一圈"。可想而知，因营养失调而导致发育不良的孩子正在增加。《孩子与年轻人的白皮书》（2017 年版 · 日本内阁政府）中显示，近年来，日本中小学生、高中生的平均身高增长幅度正在减小，而体重也出现了降低的趋势。

孩子喜欢帮忙的厨房工作排名

第 1 名　去蔬菜皮

第 2 名　摆筷子

第 3 名　端菜

第 4 名　收拾碗筷、洗碗

第 5 名　切菜

揉一揉

可能因为上中学后学业变得繁忙，幼儿和小学生做帮厨的比例相对最大。推荐幼儿可以做"去蔬菜皮""摆筷子"的工作。而小学生则比较喜欢"切黄瓜等蔬菜"。

日本主妇之友社 网上调查（调查对象:3~12岁孩子的妈妈，共244人）

从周末亲子做饭开始改变

要让从没做过帮厨的孩子突然爱上做饭是相当困难的。很多妈妈可能认为，自己做饭已经够麻烦了，还要孩子参与进来，岂不是更花时间，而且孩子又不会做，只会添乱。

日本福井县小滨市有一个名为"孩子的厨房"的活动，活动期间家长们不能插手，料理全部由孩子们自己完成，包括切鱼、制作味噌汤。我们发现只要告诉孩子们操作要领，他们会比大人更用心、更努力，开开心心地做菜，而这样的经历会帮助他们成长。

工作繁忙的父母大概没有这么多的精力，手把手教孩子。即便如此，我们建议家长们不要一个人包办家务，多创造一些机会，让孩子一起参与到做饭这件事情中来。当孩子将来长大自立，小时候的帮厨经历会派上用武之地，甚至会让他成为厨房的主力军。

我们可以先从简单的开始，比如最基础的煮米饭，做个蛋汤，试着和孩子一起做。平日上班忙碌的爸爸们，也请一起加入周末的亲子做饭时间吧！

能够自己做的料理（可多选）

炒鸡蛋　71.6　75.0　68.7
汤　25.2　22.0　27.9
咖喱饭　24.0　18.4　28.6

所有小学生
小学5年级男生
小学5年级女生

0　10　20　30　40　50　60　70 (%)

可以自己一个人做饭的小学5年级学生中，男生占64.8%，女生占80.4%

2010年中小学生饮食状况调查报告书 日本体育振兴中心

孩子的健康检查单

为现在的饮食生活打分，
看看能得几分？

读到这里，你可能会觉得有些知识早就知道，有些正在实践，还有一些今天才知道吧。

我们先告一段落，下面我们来综合判断一下孩子饮食的"营养均衡""吃饭方式"以及"生活习惯"等问题。符合的项目越多，说明孩子的饮食习惯越好。优质的饮食生活，是孩子健康成长（无论是生理还是心理）的基础！

吃饭需要365天不间断地进行。就算目前的分数比较低也没有关系，关键是从现在开始改变！我们可以确立目标，每天改善一点点。透过孩子的饮食，还可以一窥整个家庭的饮食生活。希望爸爸妈妈们也可以借此机会重新审视一下自己的饮食生活，进而一起改变。

饮食是否"营养均衡"？

每天的饮食是否都达到营养均衡了呢？
请给所有符合的项目打钩。

✓ 每天都吃早中晚三餐。

☐ 一日三餐都按时吃，晚餐在8点前结束。

☐ 一日三餐都吃主食（米饭、面包、面条等）。

☐ 一日三餐包含五大蛋白质（肉、鱼、鸡蛋、豆制品、乳制品）
且营养均衡（或者2~3天为单位，均衡摄入营养）。

☐ 每周吃三次以上鱼（做主菜或副菜）。

☐ 每天都吃绿色和黄色蔬菜。

☐ 经常有意识地吃菌菇类、红薯、藻类、水果。

☐ 每天一顿或两顿饭菜包含三菜一汤。

☐ 吃得清淡，把控盐放在心上，尽可能自己做菜。

☐ 每天吃一次或两次点心，仅作为营养的补充。

☐ 控制可乐、果汁等甜味饮料和零食的摄入量。

☐ 定期确认身高和体重。

打钩数

☐ 分

12分　　　满分！好棒！
10~11分　做得不错
7~9分　　还差一点点
6分以下　需要加把劲

Check!

孩子的"吃饭方式"和 "生活习惯"怎么样？

孩子有没有养成良好的生活习惯，能否健康地生活？
请给所有符合的项目打钩。

- ☑ 和家人一起吃饭不少于一天一次。

- ☐ 喜欢吃饭。享受吃饭的过程。

- ☐ 每天会帮忙端菜、收拾桌子、做菜等。

- ☐ 和父母一起去超市或商场买东西，并会帮忙。

- ☐ 细嚼慢咽。

- ☐ 不会动不动就吃零食。

- ☐ 晚上10点前睡觉。

- ☐ 每天的睡眠保证10个小时（幼儿），或8个小时以上（中小学生）。

- ☐ 没有（很少）出现焦躁、容易疲劳、头痛、失眠等症状。

- ☐ 每天至少活动1个小时以上。

- ☐ 排便正常。每天排便1次。

- ☐ 在家看电视、打游戏的时间，每天控制在2个小时之内。

打钩数

☐ 分

12分	满分！好棒！
10~11分	做得不错
7~9分	还差一点点
6分以下	需要加把劲

Try

确立"改善饮食生活"的目标！

做了健康检查后，有没有找到饮食生活中还不达标的地方？哪些地方改善后，能让我们摄取的营养更全面，精神更饱满呢？现在就和孩子们一起确立目标吧。

- -

举个例子

1 以前早餐吃得相对简单，那以后除了准备面包和酸奶以外，再补充一些蔬菜和鸡蛋。

2 以前不太吃鱼，将来要增加一些美味的鱼肉料理。

3 补课的晚上，常常要9点过后才能吃晚餐，以后去补课前先补充一些食物，避免临睡前暴饮暴食。

你的目标呢？

- -

1

- -

2

- -

3

- -

儿童成长曲线表

曲线"朝上弯"和"朝下弯"都要注意了！

即使妈妈们认真对待饮食，精心制作料理，可能还是会有诸如"孩子食欲太好，体重不断上升"或者"一直以来都把食物切得很细，没问题吧？"等这样那样的担心与烦恼。

家长一旦将自家孩子与别人家的孩子做比较，就难免会担心起来。其实家长们不必过分担心，因为孩子的发育存在着巨大的个体差异。有些孩子可能看起来要比实际年龄大或小2~3岁。我们可以在成长曲线上记录下体重和身高，以此确认孩子是否发育正常。

成长曲线表上有7条基准曲线，无论是下方的曲线，还是上方的曲线，只要身高体重在范围内沿着曲线上升，一切皆可放心！需要引起注意的是，是否极端"朝上 = 肥胖"，或"朝下 = 消瘦不健康"。出现上述情况时，应尽早带孩子去儿科就诊。

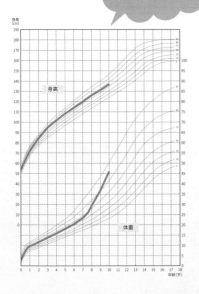

这是肥胖！

如果体重的生长曲线相对基准线"朝上"弯曲的话，可能是肥胖的前兆。这个时候，身高的生长曲线处于正常范围，体重曲线却未沿着基准线，而是朝上弯曲。肥胖多发的年龄为11~12岁。

如何判断孩子是否患有肥胖症或代谢综合征？

肥胖，是脂肪在体内堆积的状态。此测试可帮助大家判断孩子的健康问题是否是肥胖症所致。满足其中两项或以上的，即可判断健康问题是由肥胖引起的代谢综合征所致。

1 观察
脖子是否发黑？
脖子表皮发黑，是肥胖症、代谢综合征的特征（黑棘皮病）。

2 倾听
睡觉时是否有打呼噜、呼吸暂停的现象？爱上体育课吗？有没有被人欺负或被嘲笑？

3 测量
在肚脐高度测量腹围，腰围达到身高的一半以上。

如果符合 **3** ，又同时有具备 **1** 或 **2** 的话，请就医咨询，并做血液检查。

这是青春期消瘦症！

处于生长期的孩子，如果出现体重增长停滞，甚至体重减轻的状况，一定要注意了！瘦得不健康，很容易逐渐转变为青春期消瘦症。请家长务必留意孩子是否出现身体不适，并着重观察孩子的体重曲线。

青春期消瘦症的诊断标准有哪些？

1 坚决拒绝食物。

2 青春期是发育的高速期，虽然没有任何生理或精神上的疾病，体重却出现增长停滞，甚至减轻。

3 以下项目中，满足2项以上。
非常关注体重、控制能量摄入、体型歪斜、恐惧肥胖、自发性呕吐、过度运动、滥用泻药。

15岁以下，满足上述条件，即为青春期消瘦症。

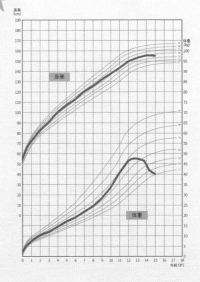

Write 身高、体重的曲线如何?

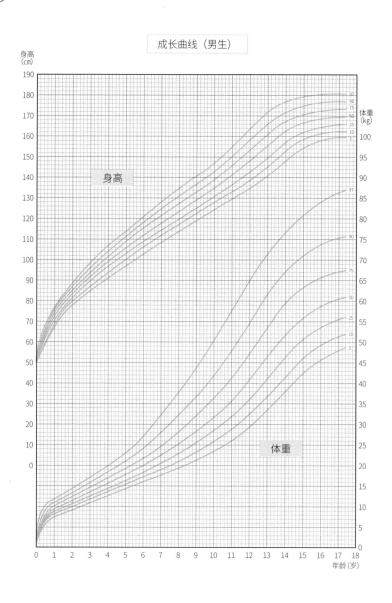

成长曲线(男生)

身高(cm)

体重(kg)

身高

体重

年龄(岁)

孩子的身高体重是否沿着基准曲线的弧度增长？
将测量的结果记录下来。

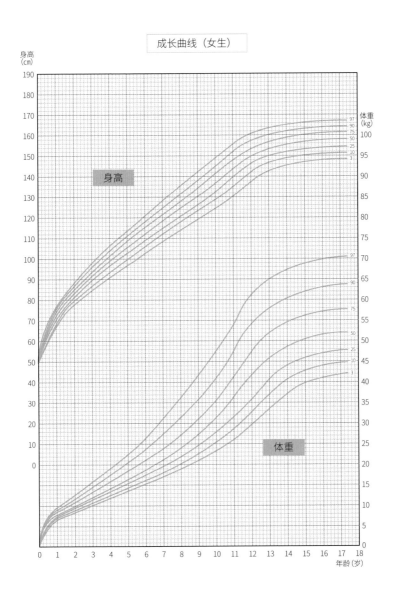

成长曲线（女生）

预防医学顾问·**细川桃**

营养管理师·**宇野薰**

与孩子饮食相关的新闻报道

摘选了营养相关的话题！

"大肠杆菌0157食物中毒"的症状严重程度，因排便习惯而不同！

细川桃：你有没有听说，大阪某学校发生的大肠杆菌集体中毒事件？大阪政府母婴保健综合医疗中心针对患者小学生们做了"排便习惯与症状严重程度"的调查，结果发现，平时规律排便的儿童，只表现出了轻度病症。

宇野薰：0157病毒在肠道内停留的时间相当短暂，这就是为什么他们只表现出轻度病症的原因。另外，排便习惯良好的儿童平时大多以吃传统家庭料理为主，而非西餐。

细川桃：富含膳食纤维的食物能调节肠道环境，有助养成规律的排便习惯，保护孩子免受食物中毒的困扰！这起事件给了我们充分的证明！

在蒙古，一些孩子由于缺乏碘元素而导致了发育不良？

细川桃：大概很多人都不知道碘元素的重要性。

宇野薰：碘元素是甲状腺激素的主要成分，是新陈代谢、孩子生长发育不可缺少的营养元素。蒙古由于四面无海，所以严重缺乏碘元素。缺碘会导致婴幼儿个子长不高等发育问题，还会引起身体和智力发育的迟缓。

细川桃：很多国家会在食盐中添加碘元素。我们针对东京板桥区的小学5年级学生做了饮食调查，结果发现，有四成男孩藻类摄入不足，女孩则有五成。要想长个子，适当摄入碘元素不容忽视！

宇野薰：不过也要注意，碘元素不能摄入过多。大部分的藻类每天吃都没有问题，但其中唯独海带的碘含量很高，建议每周吃1次。

哈佛大学的调查显示，不吃碳水化合物，
受孕概率降低50%！

宇野薰：现在主流观点认为，不摄入碳水化合物的减肥方式对生长期的孩子以及孕妇而言很危险。因为光吃脂类和蛋白质，会导致血脂升高，加重肾脏负担。

细川桃：不吃碳水化合物（主食）的话，就等于连膳食纤维、维生素和矿物质都不摄取了。哈佛大学的调查显示，孕前为保证低 GI 饮食，完全不摄入碳水化合物的女性，得排卵障碍性不孕症的概率，相比摄入碳水化合物的女性要高出55%。

宇野薰：请牢记，怀孕、生育能力，由营养的好坏决定！

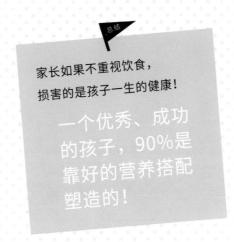

总结

家长如果不重视饮食，
损害的是孩子一生的健康！

一个优秀、成功
的孩子，90%是
靠好的营养搭配
塑造的！

每日的

标准摄入量，
孩子达标了吗？

不知道给孩子吃什么，吃多少……

本章将分年龄段，分男女，将每日必需的摄入量

"可视化"为早、中、晚餐及点心。

*本书参考了"女子营养大学四群点数法"。

*本书提供的皆为标准摄入量，请根据孩子的体格和食量做调整。

*因喝牛奶而肠胃不适（乳糖不耐受）的孩子，推荐将牛奶换成酸
 奶，因为其中的乳糖已经分解。

*如果孩子有对某种食物过敏，请选择与该食物营养相近且不会引
 起过敏的其他食物代替，保证孩子营养均衡。

预防医学顾问·**细川桃**
营养管理师·**宇野薰**

食材种类越丰富，
营养元素就越全面

由于存在个体差异，"适量"一词很难概括究竟是多少量，于是我们试着做了一个标准摄入量！

宇野薰：有很多妈妈都会问，到底要给孩子吃多少？多少算适量？

细川桃：摄入量除了与年龄、性别有关，还因每个孩子的体格、运动量不同而有所差异。所以说很难将适量做到真正的"可视化"。

宇野薰：不过这次我们努力试了一下！从下一节内容开始，我们从4组营养元素（女子营养大学四群点数法）当中，选出了1日份的食材，按照年龄不同，提供了相应的"早中晚＋点心"的菜单范例。

细川桃：妈妈们看了1日份的食材和菜单范例后，也许会觉得很难照做吧？

宇野薰：没错。就像前面提到的，妈妈是食物们的教练（→ P42），如果能参考菜单范例制作，那可称得上是厉害的教练了。

细川桃：之所以在范例菜单中列举了很多食材，是因为食材种类越丰富，营养元素就越全面。如果一直吃相同的食材，必然会导致某种营养元素的缺失！日积月累，孩子会陷入严重的营养不良。

努力增加食物种类！冷冻蔬菜、凉拌菜都行！

宇野薰：我们不仅要摄入鱼、肉、豆制品、鸡蛋、乳制品这五大类蛋白质，每天最好摄入5种以上绿色和黄色蔬菜，浅色蔬菜最好超过8种！

细川桃：不过现实和理想状态总会存在差距，在针对家庭料理的调查中发现，大多数家庭做得最多的是生菜、番茄、黄瓜，再淋上沙拉酱。

宇野薰：蔬菜＝沙拉。这样等于一年365天每天吃相同的食物。

细川桃：是的，大家的餐桌上基本很少见凉拌青菜、芝麻拌菜、萝卜干、煮南瓜、醋拌裙带菜……这些菜其实可以做成常备菜，而且营养价值都很高！

宇野薰：饮食结构单一的人很容易缺乏维生素、矿物质和膳食纤维。

细川桃：我们理解妈妈们为什么会嫌弃蔬菜，因为它们容易变质，处理起来还费时费力。不如换成冷冻蔬菜试试，怎么样？芋头、南瓜、西蓝花等冷冻蔬菜的品种非常多。把它们直接加到汤里煮就行。

宇野薰：简单烹饪也无妨，关键是增加品种。比如在生菜上加一些海苔，凉拌豆腐上点缀一些木鱼花，这些孩子们也能一起帮忙。

细川桃：我的妈妈喜欢自己做菜，但她会把周六晚上定为"点爱吃的外卖时间"，周日早晨则是"孩子们做松饼的时间"。孩子们心里也明白这两天要让妈妈休息一下。还有，我侄子虽然才上小学1年级，但早上会负责做味噌汤、煎鸡蛋等。

宇野薰：研究报告上也提到，小时候有过烹饪经验，长大后会养成自己做菜的习惯。所以，妈妈们必须有休息日！让孩子们帮着妈妈一起做菜吧！

细川桃：如今，网上有很多爸爸也能跟着学的简单烹饪的视频。一家人都能参与到烹饪中，互相鼓励，这也是很重要的事。

每日能量摄取标准 (kcal)

性别	男			女		
身体活动 水平	I	II	III	I	II	III
3〜5岁	—	1300	—	—	1250	—
6〜7岁	1350	1550	1750	1250	1450	1650
8〜9岁	1600	1850	2100	1500	1700	1900
10〜11岁	1950	2250	2500	1850	2100	2350
12〜14岁	2300	2600	2900	2150	2400	2700
15〜17岁	2500	2850	3150	2050	2300	2550
18〜29岁	2300	2650	3050	1650	1950	2200
30〜49岁	2300	2650	3050	1750	2000	2300
50〜69岁	2100	2450	2800	1650	1900	2200

身体活动水平

I	(低)	生活中大部分时间都以坐着为主，很少有机会活动身体。
II	(普通)	坐着工作的时间比较多，但还要上下学或上下班，做家务，做轻微的运动等。
III	(高)	移动或站着工作的时间较多。有运动健身的习惯。

※下页开始介绍的饮食标准摄入量，是针对该年龄段的平均体格、消耗普通活动量所需要的摄入量为基准提出的。妈妈们不必执着于"必须这样做"，可以根据孩子的自身情况做相应的调整。

选择食材的要领

- 从红、黄、绿、紫、白、黑、棕这些颜色的食材中，选择5种或以上。
- 尽量做到每天都吃鱼！
- 肉要选择脂肪少的部位，肉糜也要挑选脂肪少的。
- 豆制品除了选用纳豆、豆腐，冻豆腐也是不错的选择。
- 米饭选择胚芽米、金芽米、杂粮米，营养价值会更高。

早中晚
＋
点心

3~5岁儿童
1天所需摄入的标准量

♀男孩、女孩都是♂
同一标准。

选用丰富多样的食材，
让孩子慢慢适应自己
不太喜欢的味道

让孩子尝试新的食材和味道，增加食欲，培养咀嚼能力

当孩子能够独立使用筷子吃饭，这时也是孩子吃太多或太少、偏食、不爱嚼等烦恼随之而来的时期。强迫孩子改变只会造成逆反心理，我们可以在孩子能够吃下的量的范围内进行调整，增加不同口感、不同味道的食物，让他们品尝、体验。例如，不要经常吃用肉糜做的菜，可以换成有嚼劲的薄切肉块或较硬的肉，或者让孩子尝试带鱼骨的鱼肉。

孩子在幼儿时期，其消化酶的分泌就已经接近成人，但肾脏等器官的功能尚未发育完全，所以要尽量给他们吃味道清淡的食物。另外，虽然此时的孩子发育速度快，运动量也在增加，但他们的胃还很小，无法摄入大量食物，家长们可以给他们吃一些点心做补充。

第1组

牛奶 100ml

酸奶 50g

鸡蛋 1/2个

芝士 20g

□ 豆制品 (豆腐、纳豆)
50g

□ 鱼 (三文鱼、小沙丁鱼干)
30~40g

□ 肉 (鸡肉糜) 30g

第2组

*因喝牛奶而肠胃不
适（乳糖不耐受）的
孩子，推荐将牛奶换
成酸奶，因为其中的
乳糖已经分解。

第3组

浅色蔬菜(包括菌菇) 200g

水果 150g

绿色和黄色蔬菜 150g

藻类(干燥) 1~2g

芋薯类 50g

第4组

米饭 2小碗 (1碗110g)

芝麻、核桃仁 5~10g

红糖 10g

切片面包 1片 (意大利面的话，60g)

油 10g

3~5 岁 1日份食材，统统吃光！
菜谱范例

早餐如果吃了面包,午餐和晚餐的主食就选米饭,保证一天的营养全面!
不要忘了乳制品和水果,可以加到餐后甜点或点心里。

 早餐
1片切片面包
搭配色彩艳丽的小菜,
组合在一个餐盘中。

提前
准备好

芝士吐司
袋装切片面包1片　芝士片1片

菠菜炒蛋
菠菜30g　鸡蛋1/2个　食用油5ml

沙拉
生菜25g　黄瓜20g　圣女果30g

香蕉酸奶
酸奶50g　香蕉1/2根

午餐 饭团+小沙丁鱼干
肉和豆腐的组合，让营养升级！
蔬菜做汤分量足。

小沙丁鱼干饭团
●米饭 小碗1碗　■小沙丁鱼干5g

豆腐肉丸
■鸡肉糜30g　■豆腐25g

炒南瓜
●南瓜30g　●食用油5ml

蔬菜汤
●洋葱30g　●卷心菜25g　●金针菇25g　●胡萝卜30g

橙子
●橙子1/4个

食材的
处理建议

**菠菜一次煮熟，
然后分成小份！**

在空闲的时候，把菠菜一次性煮熟，
切成方便食用的长度，分出每次吃的
量，用保鲜膜包裹。冷藏条件下可以
保鲜2~3天，冷冻可以储藏1周左右。
它们一定能为忙碌的早餐派上用场。

冷藏可保存2~3天

冷冻可保存1周

● 第1组
■ 第2组
● 第3组
● 第4组

117

L 点心

薯类适合当点心！
多做一些常备，
妈妈也一起吃。

提前做好

红薯&煮苹果

🍠红薯50g　🍎苹果1/8个　🌰核桃仁5g

牛奶

🥛牛奶100ml

常备菜

一点点柠檬的酸味是重点！ 红薯&煮苹果

材料(4次份)
红薯……200g(1小个)
苹果……1/2个
A 红糖……4小匙
　去皮柠檬切片……2片
　水……1/4杯
核桃仁(如果有)……适量

制作方法
1　红薯去皮后洗净，切成1cm厚，浸在水中。苹果洗净后切小块。
2　锅中倒入沥干水的红薯、苹果和A，加热煮沸后转小火，盖上锅盖慢炖直到食材变软。食用时撒上碎核桃仁。

冷藏可保存3~4天

晚餐 使用纳豆、藻类、
芝麻等日式食材
制作有鱼的三菜一汤。

米饭
🍚米饭 小碗1碗

煎三文鱼
▨三文鱼30g

煮蔬菜配芝麻（芝麻酱）
🍆茄子40g 🥦西蓝花30g 🍚芝麻（芝麻酱）5g

纳豆
▨纳豆25g 🍚葱花5g

味噌汤
🍚萝卜30g 🍚干裙带菜1g

早中晚
＋
点心

6~7岁儿童
1天所需摄入的标准量

♂♀ 男孩、女孩都是
同一标准。

并不是吃了学校餐食，

营养就足够了，

早晚餐在家也要好好吃

口味清淡，营养全面，烹饪刚刚好

　　这个阶段的孩子很容易受父母饮食偏好的影响，盐、糖、脂肪摄入过多，不爱吃蔬菜，不吃早餐等。家长们千万不可掉以轻心，觉得孩子可以和大人一样什么都吃。孩子升入小学后，食量会一下子增多，正因为如此，这个阶段的饮食会影响孩子身体的生长和未来的健康。学校的餐食并不足以为孩子们提供足够的营养。我们要在早餐和晚餐上下功夫，给孩子们补充营养。家长们在照顾孩子的空余期间，需要再精进一下厨艺哦！

　　另外，此时还是孩子的换牙期，请在这个时候培养孩子细嚼慢咽的习惯。比如给他们吃一些带鱼骨的小鱼及裙带菜等藻类及萝卜干等有嚼劲的食物。

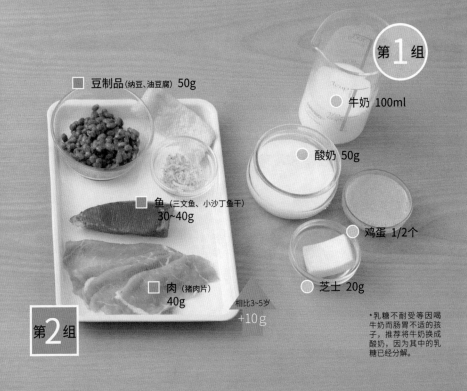

第1组

牛奶 100ml

酸奶 50g

鸡蛋 1/2个

芝士 20g

豆制品(纳豆、油豆腐) 50g

鱼(三文鱼、小沙丁鱼干)
30~40g

肉(猪肉片)
40g

相比3~5岁
+10g

第2组

*乳糖不耐受等因喝牛奶而肠胃不适的孩子，推荐将牛奶换成酸奶，因为其中的乳糖已经分解。

121

第3组

绿色和黄色蔬菜 150g

浅色蔬菜(包括菌菇)
200g

芋薯类50g

藻类(干燥)
1~2g

水果200g

相比3~5岁
+50g

第4组

米饭
2小碗（1碗150g）

相比3~5岁
+80g

芝麻、核桃仁 5~10g

意大利面 90g
（切片面包1.5片）

相比3~5岁
+30g
（意大利面）

红糖 10g

油 10g

122

早中晚
＋
点心

8~9岁儿童
1天所需摄入的标准量

♂ 以男孩的摄入
标准量为基础。

此时身高和体重增长迅猛！
早中晚都要规律进餐，
不能光吃肉，还要吃鱼

越来越多的孩子睡得太晚！
培养孩子早睡早起、吃早餐的好习惯，以优质膳食守护孩子

　　当体重达到成人的一半左右时，孩子便进入了急速生长时期。到了小学三四年级后，越来越多的孩子开始睡得比较晚，此时要是三餐再不好好吃，很可能会对生长发育造成影响。吃油炸食品油脂摄入过多，不爱吃蔬菜，挑食，这些都会引起身体不适，家长们一定要留心。我们可以给孩子吃一些带鱼骨的小鱼干，及时补充一些蛋白质与钙质。

　　由于此时孩子处在叛逆期，家长们需注意与孩子沟通的方式。尽量和孩子一边交流一边用餐，度过愉快的晚餐时间，而不是边看电视边吃饭。可以适当提醒一下吃饭的规矩，但不要把餐桌当成说教的场所。

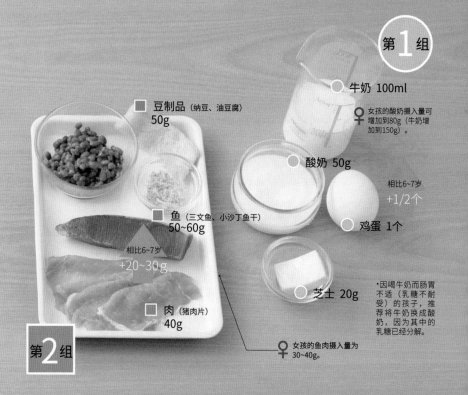

第1组

牛奶 100ml

♀ 女孩的酸奶摄入量可增加到80g（牛奶增加到150g）。

酸奶 50g

豆制品（纳豆、油豆腐）50g

鸡蛋 1个

相比6~7岁 +1/2个

鱼（三文鱼、小沙丁鱼干）50~60g

相比6~7岁 +20~30g

芝士 20g

肉（猪肉片）40g

第2组

♀ 女孩的鱼肉摄入量为30~40g。

*因喝牛奶而肠胃不适（乳糖不耐受）的孩子，推荐将牛奶换成酸奶，因为其中的乳糖已经分解。

绿色和黄色蔬菜 150g

第3组

浅色蔬菜(包括菌菇) 200g

芋薯类 50g

藻类(干燥)
1~2g

水果 250g

相比6~7岁
+50g

米饭
2中碗 (1碗180g)

♀ 女孩的话小碗2碗
(1碗150g)

相比6~7岁
+60g

第4组

芝麻、核桃仁
10~15g

相比6~7岁
+5g

红糖 10g

意大利面 90g
(切片面包 1.5片)

油 10g

8~9 岁 1日份食材，统统吃光！菜谱范例

早餐 米饭、味噌汤、纳豆组成的
日式早餐
令人安心，充满元气。

米饭
◍米饭 中碗1碗

纳豆
▪纳豆40g

萝卜泥&醋拌小沙丁鱼
◖萝卜40g　▪小沙丁鱼干5g

味噌汤
◖葱10g　◖菠菜20g

香蕉酸奶
◖香蕉1根　◍酸奶50g

保证早晚餐能吃到纳豆、味噌、腌渍食物等发酵食品。午餐做意大利面和蔬菜汤，所以菜品相对较少，可以利用蔬菜、乳制品增加营养，保证摄入量。

午餐 三文鱼意大利面加芝士，
蔬菜汤中加入牛奶，
增加钙元素！

提前准备

三文鱼意大利面

🍝意大利面90g ▪三文鱼55g 🥦西蓝花40g
🧀加工干酪20g 🟡黄油5g

蔬菜牛奶汤

🍥洋葱25g 🥬生菜25g 🍄蟹味菇25g
🥔土豆50g 🥕胡萝卜20g ⚪牛奶100ml

食材的
处理建议

冰箱常备三文鱼碎块，
用起来非常方便！

取两三块腌制过的三文鱼块，煎过后剔掉鱼皮和鱼骨，放入保鲜盒保存（如果原材料是生三文鱼，请抹上盐后煎）。三文鱼碎块可以撒在米饭上，或者作为炒饭、意大利面的配料。

🟠 第1组
▪ 第2组
🍝 第3组
🍝 第4组

取1/4提前做好的
蜜渍水果，
搭配南瓜丸子！

提前做好

南瓜丸子甜品
🍴南瓜30g 🍴苹果1/8个
🍴橙子1/4个 🍴奇异果1/2个
🍴核桃仁10g

混合家中的水果，做蜜渍水果

提前做好

材料(4次份)
苹果……1/2个
橙子……1个
猕猴桃……2个
蜂蜜……4小匙
柠檬汁……少许

制作方法
1 苹果洗净后连皮一起切成一口大小。橙子和猕猴桃去皮，切成一口大小。
2 放入密闭容器，加入蜂蜜、柠檬汁调制。

冷藏可保存3天

晚餐

猪肉补充体力！
炖煮羊栖菜多做一些，
明天还能吃。

米饭
🍚米饭 1中碗

姜炒猪肉片
🥩猪肉40g 🥬卷心菜25g 🍅番茄30g 🛢食用油5g

炖煮羊栖菜
🌿羊栖菜3g 🥕胡萝卜10g 🟫油豆腐10g

暴腌咸菜
🥒黄瓜25g 🍆茄子25g

蛋花汤
🥚鸡蛋1个

10~11岁儿童
1天所需摄入的标准量

♂ 以男孩的摄入
标准量为基础。

这个时期的饭量会超过父母！
用丰盛的蔬菜做副菜，
做一顿有分量的餐食。

一定要保证孩子的蔬菜摄入量！
给孩子补充强壮骨骼的钙质，女孩还要多补充铁元素

此时，孩子已经从儿童期过渡到青春期。到了10~12岁，孩子的能量需求会超过母亲（身体活动量处于第Ⅱ级的水平）。一旦需要增加食物摄入量，家长们往往会先增加主食，主菜中的肉也会增多，唯独蔬菜容易供应不足。请给孩子多吃豆腐、纳豆等豆制品，补充充足的植物蛋白，另外在汤、副菜中多添加蔬菜给孩子食用。

除此之外，绝对不能让孩子缺钙或缺铁。补充钙质，推荐食用乳制品，或者把小鱼带骨一起吃。女孩开始来月经后，铁元素的需求量会增多。请有意识地多给她们补充红肉、鱼类、贝类、冻豆腐等食物。

第1组

贝类(文蛤)
30g
相比8~9岁
+30g

豆制品(豆腐)
50g

第2组

鱼(三文鱼、小沙丁鱼干)
60g

肉(鸡肉)
60g
相比8~9岁
+20g

♀女孩的肉类
摄入量可为40g

牛奶 150ml
相比8~9岁
+50ml

酸奶 50g

鸡蛋 1个

芝士 20g

*因喝牛奶而肠胃不适
(乳糖不耐受)的孩子,推
荐将牛奶换成酸奶,因为
其中的乳糖已经分解。

✡ 绿色和黄色
蔬菜200g

相比8~9岁
+50g

第3组

✡ 浅色蔬菜(包括菌菇) 200g

✡ 芋薯类 50g

↑♂
男孩可在点心中
再增加80g

✡ 藻类(干燥)
2~4g

相比8~9岁
1~2g

✡ 水果 250g

◉ 米饭
2大碗(1碗200g)

♀ 女孩的话
中碗2碗(1碗180g)

相比8~9岁
+40g

第4组

◉ 芝麻、核桃仁 10~15g

◉ 红糖 10g

◉ 切片面包 2片
(意大利面100g)

相比8~9岁
+10g

♀ 女孩可以是1.5片

◉ 油 15g

相比8~9岁
+5g

132

12~14岁儿童
1天所需摄入的标准量

♂ 以男孩的摄入标准量为基础。

生理与心理都达到发育高峰！

注意规律饮食，不要有节食、不吃早餐等

不良的饮食习惯

警惕孩子想减肥！
保证他们摄入的营养足够满足生长发育的需要

　　这个时期，身高、体重、性器官等都在显著生长发育。与此同时，心理也发育迅速，孩子的关注重心会从家庭转向朋友。父母此时如果对孩子的饮食或营养过于严苛，对孩子进行说教，会造成孩子的逆反心理，比如养成不吃早餐、夜宵吃太多、贪吃零食、常喝碳酸饮料等不健康的饮食习惯。

　　青春期的生长发育需要比成人更多的营养，请家长帮助孩子准备营养全面的餐食。尤其要注意女孩的过度节食，一定要时刻关心孩子，不让她们减少饮食量，或者不吃早餐。

第1组

牛奶 200ml 相比10~11岁 +50ml

酸奶 50g

鸡蛋 1个

芝士 20g

•因喝牛奶而肠胃不适（乳糖不耐受）的孩子，推荐将牛奶换成酸奶，因为其中的乳糖已经分解。

贝类(文蛤)
30g

豆制品(豆腐)
50g

第2组

鱼 (三文鱼、小沙丁鱼干)
80g
相比10~11岁
+20g

肉(鸡肉、火腿)
70g
相比10~11岁
+10g

♀ 女孩可以为
鱼60g，猪肉60g

第3组

浅色蔬菜(包括菌菇)
200g

绿色和黄色蔬菜
230g

相比10~11岁
+30g

芋薯类 50g

男孩可在点心中
再增加80g
女孩可在点心中
再增加50g

藻类(干燥) 2~4g

水果 250g

米饭
大碗盛满2碗(1碗250g)
女孩的话2大碗(1碗200g)

相比10~11岁
+100g

第4组

芝麻、核桃仁 10~15g

红糖 10g

切片面包 2片
(意大利面100g)
女孩可以是1.5片

油 15g

135

12~14岁 1日份食材，统统吃光！
菜谱范例

三餐中搭配有鸡蛋、贝类、金枪鱼、豆腐、青菜，保证铁元素的补充。此时骨量增长达到最高峰，需要乳制品、小鱼干来强化钙质。

早餐

低GI的全麦面包三明治，
配上切成条状的蔬菜，
通过鸡蛋补充蛋白质。

三明治
● 2片全麦切片面包　■ 火腿10g
● 芝士片20g　● 生菜10g

煎鸡蛋
● 鸡蛋1个

蔬菜条&蘸酱
● 黄瓜 25g　● 胡萝卜 25g
● 芝麻 适量　● 橄榄油 5ml

调味酸奶
● 牛奶200ml　● 酸奶50g　● 柠檬汁少许

午餐

贝类煮汤强化铁元素！
蔬菜经过蒸煮，
能够吃下更多。

常备

提前准备

米饭
◈大碗盛满1碗　◈芝麻适量　◈海苔适量

煎鸡肉
◼鸡腿肉60g　◈杏鲍菇40g　◈葱25g　◈油5ml

炖蔬菜
◈洋葱30g　◈茄子30g　◈番茄70g
◈南瓜50g　◈青椒45g　◈橄榄油5ml

文蛤汤
◼文蛤30g　◈卷心菜20g

食材的
处理建议

提前把鸡腿肉腌好，做菜的时候
只要煎一下就好啦！

鸡腿肉买回来之后，撒上盐、胡
椒，抹上橄榄油，装进保鲜袋，
放入冰箱冷藏。这样提前处理
好，不仅容易保存，一旦遇上忙
碌的日子，使用起来非常方便。

◉ 第1组
◼ 第2组
◈ 第3组
◈ 第4组

点心

将土豆与小沙丁鱼干做成饼，
烤出诱人的香味，
搭配果昔一起食用！

土豆饼
🥔 土豆80g　🐟 小沙丁鱼干5g

果昔
🍌 香蕉1根　🍎 苹果1/8个
🍊 橙子1/4个　🥝 猕猴桃1/2个
🌰 核桃5g

 提前准备

可以吃到超多绿色和黄色的蔬菜！ 炖蔬菜

材料(3次份)
番茄……1个 (210g)
南瓜……150g
青椒……3个(135g)
洋葱……1/2个 (90g)
茄子……1个 (90g)
大蒜……1瓣
盐、胡椒……各少许
月桂叶……1片
橄榄油……1大匙

制作方法
1. 除了番茄，其他所有蔬菜都切成一口大小。
2. 番茄切成大块。大蒜捣碎。
3. 在锅中倒入橄榄油，加入大蒜炒热，待香味散开后，加入、翻炒至所有蔬菜都裹上油，最后加入番茄、盐、胡椒、月桂叶炖煮，至南瓜煮软为止。

冷藏可保存3~4天

晚餐

金枪鱼盖饭不仅制作简单，
还富含丰富的DHA！
副菜搭配藻类和绿叶蔬菜。

金枪鱼盖饭

🍚米饭大碗盛满1碗　🥩金枪鱼75g
🍠山药50g　🍘海苔碎少许

裙带菜汤

🥬干裙带菜3g　🥕萝卜20g　🍚芝麻适量

蔬菜拌豆腐

🥬菠菜40g　🧈豆腐50g　🐟木鱼花少许

便当日的营养 *Advice*

中午吃的午餐便当，也是一日三餐中的重要一餐。
这里会告诉你如何吃得营养全面，吃得适量！

主食：主菜：副菜
以3：1：2的配比装盒

主食 3

米饭是大脑与身体运作的能量来源，需要装满便当盒的大约一半，量要装足。

主菜 1

请务必放入鱼、肉、鸡蛋等富含蛋白质的食物。量差不多是便当盒的1/6。

副菜 2

2~3个副菜由蔬菜组成，有意识地让它们的颜色丰富多彩。量大约是主菜的一倍。

在便当盒里，以主食：主菜：副菜 =3：1：2的比例装满，就能保证营养均衡！无论年龄大小，比例都是如此。即使便当盒是两层装的样式，装盒的比例也不会因便当盒的形状、大小而改变。

比如，这样的便当盒！

年幼&年长 女孩

午餐便当
- ●米饭 ●油炸食品
- ●秋葵木鱼花凉拌菜 ●圣女果
- ●玉米 ●葡萄

小学4年级 女孩

补课时的便当
- ●杂粮米饭 ●鸡肉丸子
- ●萝卜干 ●煮南瓜
- ●圣女果和芝士

中学1年级 男孩

午餐便当
- ●米饭 ●肉饼
- ●南瓜沙拉 ●西蓝花
- ●圣女果 ●味噌汤

1顿餐食的

卡路里≈便当盒的容量

选择便当盒的容量大小时，应以能装下每顿饭的卡路里（能量）为标准。随着孩子逐渐长大，从幼儿园、小学低年级、高年级，到初中，便当盒的尺寸也要相应变大。

3~5岁	容量400ml（约400kcal）
小学1~2年级	容量500ml（约500kcal）
小学3~4年级	容量600ml（约600kcal）
小学5~6年级	容量700ml（约700kcal）
中学生	容量800ml（约800kcal）

※上述为标准值。食量因人而异，请结合孩子的体格、食量做调整。

运动时的营养 *Advice*

如有进行踢足球、打棒球等运动时，需要在一日三餐的基础上，
再额外增加饭团、三明治等简餐。

补充"碳水化合物+维生素"，
为运动供能

运动消耗体能后（或者运动前），需要吃些饭团、面包等简餐，补充碳
水化合物。为了保证营养全面，促进能量的代谢，还可以增加一些三
文鱼、鸡蛋、豆浆等富含蛋白质的食物，以及维生素含量丰富的水果。

做运动员的首要前提
就是早中晚三餐都好好吃！
运动量增多后，
需要额外补充营养。

研究表明，为了有
效地运动增肌，三
餐中的蛋白质摄入
量要均衡。

比如，这样的简餐！

●三文鱼饭团
●猕猴桃

将100g米饭与30g煎过的三文鱼混合做成饭团，搭配1个猕猴桃。

●鸡蛋三明治
●苹果

将1/3个煮鸡蛋搅碎，夹到切片面包中，再配上半个苹果。

●玉米片
●西梅干
●豆浆

碗中放入45g玉米片和3个西梅干，配上100ml豆浆。

偏食、口味重、胃口小、胃口大，该怎么办？

谁都希望自己家的孩子不偏食、不挑食、好好吃饭，
但往往事与愿违。
这里会解答妈妈们的一些困惑。

1 偏食、挑食

Q 还没尝过味道就不要吃？！

● 初次见到的食物，碰都不碰一下。（3岁男孩）
● 不愿尝试新的食物，吃的东西很固定……（5岁女孩）

A 原因可能是饮食当中缺乏鲜味食材。

具有鲜味的食材，就算是第一次品尝，也比较容易接受，所以我们要多多运用鲜味食材。肉、鱼都极具鲜味。除了这些荤菜，我们还可以尝试用番茄、香菇、金针菇等制作炖杂烩、汤菜等佳肴，因为这些食材当中富含鲜味物质谷酰胺酸。多吃具有鲜味的食物，让大脑记住"鲜味=好吃"！

总在吃零食！

● 孩子喜欢在晚饭前吃零食，我们大人也有这个习惯，所以也不指出，这是个大问题……（11岁女孩）

 吃饭前最好不要吃零食！
让孩子稍微尝个味道，度过等待的时间。

即使孩子已经饿得肚子"咕咕"叫，也尽量不要在吃饭前给他吃零食。如果实在等不及，那就请他一起帮忙做菜，让他尝个味道。晚饭如果要晚点吃，那就把晚餐分成两半，先给他一个饭团或其他食物充饥。

 到底要不要给孩子吃他们不爱吃的食物？

● 光吃自己爱吃的，不爱吃的全都剩了下来。（6岁女孩）

 重新挖掘一下孩子不爱吃的原因！

孩子的味觉比大人要敏感得多，且此时咀嚼能力尚未发育完全，这些都可能是导致孩子挑食的原因。比如用微波炉加热蔬菜，不能完全分解其中的草酸，会造成涩涩的口感，又或者因为孩子的牙齿数量和咀嚼能力刚好与食材的大小和硬度不匹配。味觉会随时变化，请家长们多花点时间，制作一些孩子容易吃的食物、调整过味道的食物。

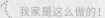 我家是这么做的！

● 在自己家阳台上种了番茄，和孩子一起采收后，孩子开始吃番茄了。（7岁男孩）
● 把她不爱吃的蔬菜切小，混在肉饼当中给她吃。（7岁女孩）

Never
give up!

147

光吃碳水化合物，完全不吃蔬菜和肉类！

● 喜欢吃碳水化合物，蔬菜和肉几乎不碰，所以很担心他营养不良。
（6岁男孩）

食物的硬度适中吗？
留意孩子是否有缺铁性贫血。

孩子之所以不爱吃蔬菜和肉类，很有可能是因为食物不方便入口，或者是嚼不动。所以首先我们可以从烹饪方法入手，做调整与改进。另外，由于肉、鱼中含有丰富的铁元素，摄入不足很可能会造成机体缺铁。铁元素不足会使黏膜萎缩，从而导致吞咽变得困难。当孩子想吃甜食，或者身体感到乏力的时候，记得给他们补充一些含铁元素的酸奶或西梅。在饭团里加一些三文鱼、肉松，也是方法之一。

如何让孩子喜欢上吃蔬菜？

● 孩子会吃炒饭里的蔬菜，但却不愿意吃生的蔬菜。 （4岁男孩）

增加一些用鲜汤汁做的菜式，让大脑感受到愉悦。

在木鱼花熬制的汤汁中，再加入些蔬菜和藻类，能强化其中的鲜味，让食物瞬间变得更好吃！我们不仅可以用蔬菜做沙拉、炒菜，还可以试试做味噌汤、炖菜等各种料理。除此之外，还有一些食物搭配在一起能双倍提鲜，比如意大利浓汤、番茄炖鸡肉、文蛤菌菇意大利烩饭、锡纸烤三文鱼等，给孩子们吃这些鲜味的食物，帮他们克服不爱吃蔬菜的毛病。

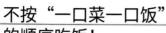

Q 不按"一口菜一口饭"的顺序吃饭！

- 不吃饭光吃菜，一口气把菜都吃完。(7岁男孩)
- 吃到最后只剩米饭，一定要加点调味料、鱼子或者咸味海带，才肯把饭吃掉。(9岁女孩)

A 给孩子制定好规矩，一定要把自己碗里的饭菜吃完！
自己做调味食品。

为了保证营养的全面均衡，吃饭时最好养成"一口菜一口饭"的习惯。如果仅仅只吃某一个菜，会引起营养不良，所以给孩子定好规矩，让他们把自己碗里的饭菜全都吃完。如果孩子依然剩饭了，我们可以自己做一些芝麻、小鱼干、樱花虾和海苔混合的调味食品，把它们加到米饭中，这样既能控制盐分的摄入，还能增加营养。

吃一口白饭，再吃一口菜，接着再吃一口白饭，如此交互着吃，让食材在口中调味、混合，食物会变得更美味。

2 口味重

真头疼!

Q 孩子从几岁开始，调味可以和大人一样呢？

● 开始吃儿童餐之后，餐食是不是就能和大人一样了？（4岁女孩）
● 除了辛辣食物以外，孩子吃的东西都和大人相同，可以吗？（7岁男孩）

A 从消化功能考虑，最好从小学低年级开始。

包括肠胃、肾脏、肝脏等在内的消化吸收系统，大约在小学低年级左右发育到与成人相同的水平。虽然很多孩子一断奶就开始吃口味比较重的食物，但我们还是建议在孩子成年之前，尽量给孩子吃得清淡些，用汤汁的鲜味代替各种调味料。

Q 搞不懂为什么孩子不爱吃西餐！

● 对大人而言，西餐做起来方便，还好吃，但小孩却不吃……（5岁女孩）

A 推荐吃传统料理，不仅口味比较清淡，营养还全面。

因为在外或在学校就餐时，吃到西餐的机会在增多，所以我们推荐在家中以吃传统料理为主。西餐中容易摄入不足的鱼、豆制品、藻类、菌菇、薯类，以及味噌、纳豆等发酵食物，可以在日常的料理中得到补充，请妈妈们多在菜单上下功夫吧。

150

Q 喜欢味道重的食物，真让人担心！

● 我会常常用到调味料，这样没问题吧？ （7岁女孩）
● 孩子喜欢吃很咸或很甜的食物。 （9岁女孩）

A 这样容易增加身体浮肿、患高血压的风险！

盐分摄入过多后，机体为了保证血液中的盐分浓度维持在一定水平，会向血管中导入水分，这就是引发浮肿、高血压的原因。越常吃重口味的食物，味蕾感受器的敏感度就越低，如此循环，越吃越咸。不光光是小孩，大人也需要加以重视！为了身体健康，大家都要吃得清淡些。

过咸或过甜的食物，吃的时候都要适量！

餐桌上的调味料（酱油、番茄酱、调味酱、沙拉酱等）

腌渍食物

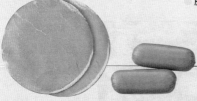

加工食品（火腿肉、香肠等）

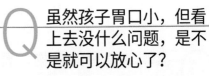

3 吃得少、有点瘦

真头疼！

Q 虽然孩子胃口小，但看上去没什么问题，是不是就可以放心了？

● 孩子吃得少，但只要发育正常，是不是说明平时他摄入的量就是合适的？（6岁男孩）

A 即使在成长曲线的范围内，也要注意是否有缺铁的情况。

食量小，体格小，只要在成长曲线的范围内，就说明现在的饮食量是合适的。只是有一点，如果影响生长发育的能量、蛋白质摄入不足，便会导致机体缺乏铁元素，请多加留意。因为铁元素不足，会使认知能力低下，无法集中注意力。给孩子吃能量高的食物、富含铁元素的三文鱼和牛肉、加铁的点心或酸奶，都能保证孩子营养全面，促进他们的生长发育。

Q 好像对吃东西一点都不感兴趣。

● 看到米饭没兴趣，几乎不吃。注意力也不集中，很快就表现出不耐烦。（6岁男孩）

A 从购物到做菜，带孩子参与其中！

不要再跟孩子说："我辛辛苦苦做好了饭，你都要吃掉！"而是应该问他："今天你想吃什么？"试着一起去买菜，交流切蔬菜的方法，让孩子尝味道，带孩子一起参与到烹饪中。这样虽然会多费一些时间，却能更好地把自己的想法传递给孩子。而且，孩子自己参与到烹饪过程中，食欲也会翻倍！

"你想吃哪个？""哪个更新鲜呢？""产地在哪里？"……用这些提问，激发孩子对食物的兴趣。

Q 食量太小

● 孩子吃得非常少，不知道怎么办才好。可能是
遗传的关系，但真的有点瘦……（6岁女孩）

A 有可能得了婴幼儿贫血。

吃的食物过于软烂，咀嚼能力就得不到锻炼。另外，厌食、食欲不振，也是贫血的典型症状。铁与钙都属于孩子容易缺乏的元素，缺铁会导致婴幼儿贫血。食量小会增加贫血的风险，请给孩子补充红肉、鱼，或含铁元素的点心，有意识地让孩子补充铁元素。增加孩子的运动量，也是提高食量的对策之一。

我家是这样做的！

● 虽然孩子个子小，但出去玩之后，胃口总是会很好。所以饿饿肚子很重要！（10岁男孩）

● 孩子长到10岁左右，饭量就跟我们大人差不多了。大概是在生长期吧！（11岁女孩）

Never
give up!

153

吃太多、有点胖

真头疼！4

 青春期体重增加是否不可避免？

● 经常听说青春期的孩子容易发胖，所以孩子体重增加了，不必太在意，对吗？（11岁女孩）

 不要从外观上判断胖瘦！

青春期是女孩子积蓄体脂的时期，请勿单纯从外观上判断孩子的胖瘦。体重在成长曲线的范围内还在减肥的，就更不可取了！体重增加后，身高也会瞬间猛长，家长要做的就是静静地守护。

 多少都吃得下！

● 食欲旺盛，多少都吃得下，不知道吃多少时该叫停。（8岁女孩）

要让孩子吃得营养均衡，定好添菜添饭的规则。

有吃东西的欲望是件好事。生长发育时期，只要外观没有一下子胖很多，家长就大可放心。我们的宗旨是不要让孩子盯着自己爱吃的食物吃，所以可以定好规矩，比如，蔬菜可以随便添、肉和鱼只能吃自己碗里的份、米饭最多吃两碗等。

Q 真的有吃不胖的方法吗？

● 孩子稍微有点胖。该给他吃什么好？ （10岁男孩）

A 把高脂肪的油炸食品、西餐，换成富含蔬菜的传统料理。

饮食只要营养均衡，即使稍胖一些也没有问题。但如果饮食中油炸食品偏多、西餐吃得多、只喜欢吃薯片喝果汁，就需要控制一下，避免发胖。与此同时，可以引导孩子多吃一些蔬菜、藻类、菌菇等食物。

高脂肪的油炸食品 ✕

甜味果汁、零食 ✕

蔬菜满满的副菜

我家是这样做的！

● 孩子肚子饿的时候，给她吃红薯干、味噌饭团。 （9岁女孩）
● 餐桌上先摆蔬菜，孩子很自然地就按顺序从蔬菜开始吃！ （9岁男孩）

Never give up!

5 不咀嚼

真头疼!

Q 不好好咀嚼食物，直接吞咽下去!

● 吃饭非常快，全往嘴里塞，然后直接咽下去……（4岁女孩）

A 让孩子慢慢吃，不着急。

幼儿期牙齿尚未长全，会出现无法咬合，咀嚼力气小，直接吞咽的情况。在孩子3岁前，磨牙还未长全的时候，就给他吃需要嚼碎的食物，可能促使孩子养成不咀嚼直接吞咽的坏习惯。另外，以5岁以下幼儿为对象的调查研究表明，孩子不爱咀嚼，很大一部分原因是因为妈妈平日工作繁忙，经常催促孩子快点吃造成的。请家长们守护在孩子身旁，多给孩子一些时间，让他们慢慢吃。

Q 吃得很快，身材有点胖，该怎么办?

● 孩子不怎么爱嚼食物，吃饭非常快，长得也有些胖。我一直叫他慢点吃，但就是改不了。（9岁男孩）

A 增加共同进餐的次数，努力培养咀嚼习惯。

肥胖的孩子中，很大一部分吃饭都吃得很快。一个人吃饭很容易吃得太快，另外，边吃饭边玩手机、看电视，也容易导致直接吞咽食物。可以尝试一家人共同进餐，边吃边聊，或者食用有嚼劲的食物，逐渐改掉吃太快的坏习惯。

Q 是不是应该给他吃有嚼劲的食物？

● 是不是要给孩子吃一些硬的食物，使牙齿变得更坚固呢？比如给她吃鱿鱼干？（5岁女孩）

A 根据牙齿的生长状况，尝试选择各种食材，来锻炼牙齿。

咀嚼有许多好处（→P90）。根据孩子牙齿的生长状况，选择合适的食物，让孩子养成多咀嚼的好习惯，不要只给孩子吃软的食物。举例来说，同样是吃水果，吃苹果（带皮）的咀嚼次数是吃香蕉的10倍！给孩子吃不同的食材，能培养他的咀嚼能力。

食材不同，需要
咀嚼的次数也完全不同！

大致的咀嚼次数

香蕉	7次
布丁	8次
煮南瓜	28次
肉饼	36次
米饭	41次
海藻沙拉	62次
苹果(带皮)	74次
焗蘑菇	75次

真头疼!

6 吃饭
时间太久

Q 总是在不停地嚼!

● 嘴巴一直在嚼,嚼来嚼去,但有时还是会咽不下去。(5岁女孩)

A 培养孩子"真好吃""真开心"的感知力。

太软或太硬的食物都无法培养孩子的咀嚼能力。一项针对幼儿的调查研究显示,嘴里一直含着食物不咽下去的孩子,多半是在进餐过程中没有从母亲那里得到共鸣。家长在和孩子就餐时,请多关注孩子,跟孩子说"好吃吧""很开心吧",与孩子产生共鸣。

Q 吃饭时老发呆,吃得很慢!

● 边吃边发呆,吃一顿饭往往要1个小时左右。(8岁女孩)
● 吃饭速度真的超慢,非常麻烦。(9岁男孩)

A 营造能专注吃饭的环境,固定就餐时间。

吃饭前是否有饥饿感?吃饭时有没有开着电视机?家人有没有在一起吃饭?饥饿时,会更渴望食物,这时候再营造能专注进餐的环境,就能解决吃饭过慢的问题。另外,家里一直有东西吃,也不是件好事。规定好固定的吃饭时间,不要让孩子觉得能一直吃下去。

> **我家是这样做的!**
>
> ● 肚子饿的时候,要出门玩的时候,孩子都会吃得快一些。(8岁男孩)
> ● 只要家里有吃的,都会被孩子吃掉,所以我们从来不在家里存放零食!(10岁女孩)

Never give up!

恒牙什么时候能长全?

● 孩子好像嚼不动食物，原来又有一颗乳牙松了！大概
要到几岁，所有的恒牙才能长全呢？（9岁女孩）

 恒牙要到高中才会长全！
换牙是一段漫长的过程。

小学低年级时，孩子换了上下的门牙，刚想松口气，侧
面的牙齿也开始松动了。这时，便迎来了嚼不动食物的
时期。待恒牙的磨牙完全长全，要到17~18岁，这是个
漫长的过程。在此之前，请根据孩子牙齿的生长状况，
准备合适的食物。刷牙对预防龋齿也尤为重要。

恒牙生长的大致时期

* 存在个体差异，以下均为大概时间。

齿式 恒牙的名称	上颌	下颌
1号　中切牙	7~8岁	6~7岁
2号　侧切牙	8~9岁	7~8岁
3号　尖牙	11~12岁	9~10岁
4号　第一前磨牙	10~11岁	10~12岁
5号　第二前磨牙	10~12岁	11~12岁
6号　第一磨牙	6~7岁	6~7岁
7号　第二磨牙	12~13岁	11~13岁
8号　第三磨牙(智齿)	17~21岁	※ 也有可能不生长。

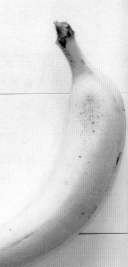

7 食物过敏

Q 孩子有食物过敏症，这会跟随一辈子吗？

● 孩子对鸡蛋、小麦过敏。他会终生都食物过敏吗？

A 通常情况下，随着年龄的增长，过敏程度会减轻。

婴幼儿时期表现出对鸡蛋、牛奶、小麦等食物过敏，到6岁之后，80%~90%的儿童其过敏反应会减轻。随着生长发育，原先机体排斥的食物逐渐能够被机体接纳。请与医生沟通交流，定期检查确认。

Q 会突然对某种食物过敏吗？

● 现在吃的食物没什么问题，以后会不会引起过敏呢？ （4岁女孩）

A 可以吃应该就不会过敏，但不排除对其他食物过敏。

断奶后吃鸡蛋、牛奶不出现过敏反应，将来也不太会过敏。但幼儿期开始接触虾、蟹、荞麦、鱼卵、坚果、水果等食物后，可能会出现过敏症状。不清楚孩子会对何种食物或过敏原过敏时，可以少量给孩子试吃，如果出现过敏症状，则尽量避免食用。

不能喝牛奶，会不会导致缺钙？

● 如果对牛奶过敏，要吃多少鱼肉，才能补充足够的钙质？（8岁女孩）

A 除了鱼，豆制品和青菜中也富含钙元素。

即使因为食物过敏，导致无法食用某一特定食物，也可以通过食用其他食物，补充需要的营养元素。含有与100ml牛奶（钙100mg）相当钙质的有：3大匙小沙丁鱼干、1大匙樱花虾、100g豆腐、2盒纳豆、40~50g小松菜等。食用上述食物，能预防钙质不足。

能补充100mg钙元素的食物

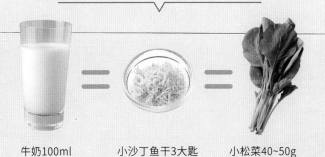

牛奶100ml   小沙丁鱼干3大匙   小松菜40~50g